CHANGE YOUR BRAIN
CHANGE
YOUR GRADES

硬核大脑

如何轻松地成为学习高手

[美] 丹尼尔·G. 亚蒙（DANIEL G. AMEN） 著

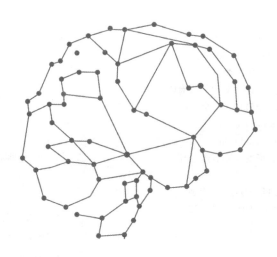

中国青年出版社
CHINA YOUTH PRESS
中简文传媒

图书在版编目（CIP）数据

硬核大脑：如何轻松地成为学习高手 /（美）丹尼尔·G. 亚蒙著；张卓敏, 彭相珍译.
—北京：中国青年出版社, 2020. 6
书名原文：Change Your Brain, Change Your Grades: The Secrets of Successful Students:
Science-Based Strategies to Boost Memory, Strengthen Focus, and Study Faster
ISBN 978-7-5153-6048-5

Ⅰ.①硬… Ⅱ.①丹… ②张… ③彭… Ⅲ.①学习心理学 Ⅳ.①G442

中国版本图书馆 CIP 数据核字（2020）第093547号

Change Your Brain, Change Your Grades : The Secrets of Successful Students : Science-Based
Strategies to Boost Memory, Strengthen Focus, and Study Faster © 2019 by Daniel G. Amen.
Published by arrangement with BenBella Books,Inc., Folio Literary Management, LLC, and The
Grayhawk Agency, Ltd.
Simplified Chinese translation copyright © 2020 by China Youth Press.
All rights reserved.

硬核大脑：如何轻松地成为学习高手

作　　者：〔美〕丹尼尔·G. 亚蒙
译　　者：张卓敏　彭相珍
策划编辑：于　宇
责任编辑：于　宇
文字编辑：张祎琳
美术编辑：杜雨萃
出　　版：中国青年出版社
发　　行：北京中青文文化传媒有限公司
电　　话：010-65511270 / 65516873
公司网址：www.cyb.com.cn
购书网址：zqwts.tmall.com
印　　刷：河北华商印刷有限公司
版　　次：2020年6月第1版
印　　次：2021年9月第2次印刷
开　　本：880×1230　1 / 32
字　　数：230千字
印　　张：9
京权图字：01-2020-1428
书　　号：ISBN 978-7-5153-6048-5
定　　价：59.00元

各方赞誉

身为一名大学教师，我敏锐地意识到本书提供的原则和实践将极为显著地提升学生的学业成功率。因此，我认为对于家长、教育工作者和学生们来说，这是一本不可错过的好书。

——迈克尔·J. 比尔斯（Michael J. Beals）

博士，先锋大学校长

大脑决定人生高度。因为我们所有的理想、期盼、能力或技能都需要通过心灵与大脑的互动来实现。而博士恰好是开发人类大脑潜能方面的专家。他知道如何帮助我们改造大脑，让我们可以拓展思维、提升表现，并加快大脑潜能开发的过程，使我们最终能够发挥所有天赐的潜能，实现人生各项目标。请您一定要享受阅读这本充满了智慧和洞察力的佳作。在充实知识的同时，克服所有挑战并最终有所作为。您值得拥有这本书——希望您可以尽情享受阅读的快乐，然后收获成功的硕果。

——马克·维克多·汉森（Mark Victor Hansen）

《灵魂的心灵鸡汤》（*Chicken Soup for the Soul*）系列书作者

恰逢女儿进入研究生院深造之际，本书成了我给女儿指导学业的及时雨。有了本书提供的丰富资源和技巧，我相信她的大脑潜能将得到充分开发，从而帮助她实现学业的成功。

——杰克·费尔顿（Jack Felton）

新希望咨询中心的婚姻和家庭治疗师

这是一本非凡的著作。无论是小学生、大学生，还是学生的家长，都应该阅读本书。书中每个章节的内容都让我爱不释手。我相信，本书的内容适用于所有阶段的学生，不管在哪个年级教授本书相关的内容，肯定都能够提升学生的成绩。本书行文逻辑严谨、信息翔实、便于理解、容易记忆。本书将积极有效地提升世界各地学生的成绩。

——吉尔·钱伯斯（Jill W. Chambers）

美国陆军上校

博士的书雄霸《纽约时报》最畅销书籍排行榜的榜首长达40周，因为它引起了数百万读者的共鸣。这本开创性巨著的出版恰逢其时。对身处各个教育阶段，来自世界每个角落的学生来说，这都是一本不可错过的佳作。其简明了当的陈述，能够带来极大的阅读愉悦感。同时，本书也能够帮助每一位读者扫清所有的障碍与困惑，成就光明而成功的未来之路。

——安德鲁·坎贝尔

医学博士，杂志总编

本书简单易懂、引人入胜。它以浅显的方式，将神经科学转化为个性化的学习策略和提升学业的实用方法。对于那些想要实现卓越学习成就，实现成功人生的读者来说，这是不可错过的巨著。我敢肯定，这将成为博士又一热卖的佳作。

——艾德·皮高特（Ed Pigott）

博士，研究心理学家，《神经调节杂志》主编

本书将极大地改变你的人生。作者为各个年龄阶段和学习阶段的学生，提供了提升成绩、舒缓学习压力的高效方法和工具。这本科学严谨、实用建议翔实的著作，在给您带来愉悦的阅读享受的同时，能够为想要提升学习方法和效率的学生带来切实的转变。

——W. 李·沃伦（W. Lee Warren）

医学博士

本书能够帮助学生有效地改善学习习惯、提升成绩，并在此过程中改变思维方式。作者在本书中通过清晰明了的解释，提供了许多实用的技巧和窍门，能够帮助那些希望将学习成绩提升到更高水平的学生成功实现目标。我多希望自己在本科和继续教育阶段时就能够拥有这样一本万能的指南，因为它肯定可以帮助我避开那些我付出了高昂代价的学习错误！

——露斯·玛丽·艾伦

博士，杰出学业认证教练以及业务绩效顾问

成功毕业就像是成功登顶珠穆朗玛峰，二者都要求精心准备、自我约束和制定策略，都要求我们在离开大本营之前或正式考试前一晚做好充分的准备。对于学生而言，本书就将遥不可及的珠峰拆分成了一座座可以攀登的山丘。通过持续不断地提升学习技能和方法，这些学生一定可以成功登顶（毕业）。

——凯伦·兰辛

婚姻家庭治疗师（MFT），创伤压力治疗专家（BCETS）

如果我年轻时就能够知道博士在这本书中讨论的信息，该有多好啊！本书提供的信息对高中生或大学生有着令人难以置信的好处。亚蒙博士认为，我们可以通过改变学习策略提高学业成功的概率。这同时也能够让课堂变得更有趣和富有成效！让我们的学习变得更加高效，而不是更加刻苦！为了吸引读者的注意力，博士在本书中使用了大量帮助记忆的符号、实用的参考文献，甚至还使用了《圣经》插图！而克洛伊和阿丽兹提供的实用建议，则让本书变得更加有趣而实用！这本书成为学习技巧和资源的一个宝库。通过这本书，博士成功地让我相信，学习永无止境！无论年纪多大，健康而灵活的大脑都能够确保学习的效率不会衰退。健康的大脑成为一个积极的因素，引导我们做出正确的选择，进而引导我们取得预期的成功。哪怕年纪再大也同样可以做到！

——罗斯玛丽·赖特·杰克逊

南加州先锋大学校友事务理事会总裁助理、前校友理事会主任每个学生都可以从本书中学到一些东西。人生的成功，有时候取决于苦功夫，而有时候则取决于是否能够明智地努力。除了分享他个人如何学会更明智地努力的人生经历之外，博士还在本书中提供了多种有效的策略，帮助我们识别自己的大脑类型，提升大脑的功能，确保我们付出的努力都能够有所回报。

——米歇尔·弗劳尔斯

医学博士及儿童和青少年精神病专家

能够与博士合作超过25年，是我莫大的荣幸。最近，需要感激博士的人又多了一个。这个年轻人刚刚以优异的成绩从南加州一所知名大学毕业。他在短短两年内就以优异的成绩获得了学士学位。要知道，他之前花了四年时间苦苦挣扎都没能从社区大学毕业。而他从小学开始，多年的学习生涯就是一部充满了奋斗、挫折和失败的黑暗史。显然，他的大脑成像表明他需要补充剂和药物治疗。但是，他从一个失败者变成了成功者，现在正努力朝着商业事业的成功迈进。而这一切的转变，得益于他对自己大脑的关注。如果你存在同样的困惑，那么本书将为你提供所需的答案……这本书不仅适用于你，还可以传给自己的孩子。你也可以将本书作为礼物，送给那些需要学业帮助的人。对于那些存在学习困难的人，你可以买一本《硬核大脑》送给他/她，帮助他们进行脑部扫描，他们就会找到通往成功的道路。

——厄尔·R. 汉斯林

博士，临床心理学家，《快乐的大脑》作者

本书为那些想要获得更好成绩的学生填补了他们的缺陷——大脑和思维。人类的大脑是有史以来生物进化最强大的器官。只要我们能够充分开发和利用大脑，我们就可以无所不能。

——吉姆·奎克

记忆力专家兼新思维教育首席执行官

我们大部分的患者都备受注意力缺陷症/多动症的困扰。他们的学业表现也一直令人沮丧。此外，人们还经常对他们说"你没有表现出自己应有的才智或能力"等贬低之语，而这些往往令他们感到耻辱。我们与博士一起从事其综合治疗计划项目20多年了。在这个过程中，我们亲眼见证了它们为我们的患者及其家人带来的巨大成就。本书为患有注意力缺陷症和多动症的人提供了非常实用的解决方案。这也是博士为人们提供帮助、改善他们的生活和人生而做出的又一有益贡献。

——马克·拉泽

神学硕士、博士，《七种欲望》（*Seven Desires*）作者

本书中的信息正在极大地改变无数人的人生，包括我和我的家人！得益于博士开创性的信息，我的儿子从学校里的差生，一跃变成佼佼者。此外，在与学校和企业开展的多项积极心理学项目中，我也见证了博士提出的诸多基于实证研究得出的学习工具的伟大成效！

——法蒂玛·多曼（Fatima Doman），

《真实的力量和真实的你》《真正增强学生的韧性》作者

感谢多年来信任亚蒙诊疗中心并选择来此就诊和学习的学生们，无论年长或年幼。我为你们所取得的成功而欢欣鼓舞！

前 言 学习的策略

一、如何提升大脑潜能

1. 你是否觉得自己应该取得更好的成绩？

2. 你是否觉得功课让你感觉压力山大？

3. 你是否曾因为学习内容的混乱无序，而花费了比预期更长的时间进行学习？

4. 你是否花费了比A同学更长的时间进行学习，但最终的成绩却与他/她相同？

5. 你是否因为在学习上花费了太多时间，而错过了你想去做的其他事情？

6. 长假之后返校之时，你是否需要花很多时间补习才能够在更短的时间内完成更多的学习任务？

7. 你是否觉得自己的学习生涯很失败？

8. 你是否想要获得一些简单实用的技巧，让学习变得更轻松、对自己更加自信并开始真正享受学习的过程？

如果你对以上任何一个问题的回答为"是"，那么你就应该仔细阅读本书。

那些著书讲述个人成功故事的伟大作家，例如本·富兰克林（Ben Franklin）、戴尔·卡内基（Dale Carnegie）、斯蒂芬·柯维（Stephen Covey）和谢丽尔·桑德伯格（Sheryl Sandberg）都忽略了成功的最重要秘诀，因为他们缺乏发现成功秘诀的技术。得益于世界上最大的大脑影像数据库，我们现在知道人生中无处不在的成功和失败，都始于我们两耳之间的大脑，而时刻不停运转的大脑也决定了成功或失败的状态是否持续。

大脑决定了我们是谁或我们会做什么，不管是如何思考、感受、行动或与他人互动，大脑贯穿于这一切活动之中。大脑这个器官决定了我们的感受、学习、性格和个性以及我们做出的每个决定。在过去30年中，我查看了150,000多次大脑扫描图像。这让我意识到，只要我们的大脑正常运作，我们的人生就能够正常运作——不管是学习、工作、人际关系、金钱、健康还是其他事物。同样，当我们的大脑不管因为什么原因而出现问题的时候，我们就会在生活中遭遇巨大的麻烦。因此，想要让学习变得更轻松，我们就需要首先确保大脑能够正常运转。

我承认，我并非一直都是尖子生，至少我在中学和高中阶段仍是学习很普通的学生。但后来我能够以名列前茅的成绩从大学和医学院毕业，我是怎么做到的？我开动了脑筋，制定了一些简单的学习方法，让我能够更高效地学习和进步。如果我可以取得学业的成功，那么你肯定也可以。

这本书总结了我作为神经科学家和精神科医生的从业经验，还提供了大脑科学领域最前沿的成果。因此本书可以帮助诸位更有效、更快速地学习并保持专注，进而帮助你们实现自己的学业目标。本书还吸取了我与杰西·佩恩博士创建的一项大脑健康计划的成果。该计划的目标是教会学生们如何保护和开发大脑。这个大脑健康计划被称为"25岁实现大脑的最佳潜能"（www. brainthriveby25. com），相关学习方法已经在全美50个州以及其他7个国家和地区得到了传授。这个项目所提供的课程，涵盖了关于大脑的基本知识、大脑的发育、性别差异、药物和酒精对大脑的影响、大脑的营养、压力管理、如何消灭自动消极想法（ANT）以及如何对大脑进行保健等。这些课程极受欢迎，因为它改变了参与者的生活。

在决定一个学生是否会取得优异的成绩，还是会因深陷学习困难而无法毕业时，大脑的很多区域都参与其中。在本书第1章中，你将了解大脑的一些特定区域及各个区域在帮助你们学习和记忆信息、保持清晰的逻辑、上课时确保注意力集中以及对自己的能力充满信心等方面所发挥的作用。每个人的大脑都是独一无二的，因此了解自己的大脑类型（更多相关信息将在本书第2章中提供）及其独特的运作方式，是提升大脑潜能的重要第一步。在掌握了这些信息的基础上，利用本书提供的简便易操作的策略，无论你处于哪个学习阶段，你都可以优化自己的大

> 如果你怀疑自己存在学习困难或注意力障碍缺陷症/多动症，请填写本书附录B中提供的《亚蒙诊所学习障碍筛查问卷》，并可在必要的情况下，寻求专业治疗！

脑，取得更加优异的成绩。

这本书能够为大多数类型的学习者提供帮助。无论你是学习成绩欠佳、不堪学习重负的学生，还是重返校园继续深造或接受工作相关在职培训的成年人，抑或只想让学习的过程变得更加轻松的自主学习者，本书都可以为你提供有用的建议。

（一）学习成绩欠佳者

如果你的成绩低于个人预期和能力，你可能会认为自己是智力平庸或智商不高的普通学生。但是你是否知道，研究已经表明，在预测学业成绩时，学习策略实际上比智商高低更加重要？事实上，你所表现出来的平庸，很可能是你对如何有效学习的知识方面的平庸，而非学习能力的平庸。好消息是，学习的策略是可以改变和提升的，这就意味着你可以通过改变学习习惯来获得学业的成功。想象一下，如果你能够在人才济济的班级里取得名列前茅的成绩，将会多有成就感。这种想象是不是让学习的过程变得更加有趣和愉快了？我曾见证过无数的C级学生，在掌握本书提供的学习技能后，稳定地保持了B级甚至A级的水平，并且他们的学习压力也大大减轻了。

（二）不堪学习重负者

对于那些认为自己在学习时需要运用大量的突击战术才能够取得预期成绩的优秀学生来说，本书同样适用。你是否为了取得优异的成绩而只顾着埋头学习，而忽略了生活中其他重要的事情？你可能会认为，想要成为一名A+的学生，就必须每天埋头死磕教科书，头悬梁锥刺股地每天学习到凌晨两点。但事实上，这不仅不现实，也不健康。那么你想不想学会如何合理地安排学习时间，以实现更高效的学习，并确保自己能够在更少的学习时间内，在承受更小的学习压力的情况下，取得同样优异的成绩？让自己也有时间来实现个人的全面发展，获得更多的乐趣，并为更加平衡的生活留出一点空间？

（三）重返校园继续深造或接受工作相关在职培训的成人学习者

对于那些中断学业较长时间之后重返校园继续学业或正在接受工作相关在职培训的成人学习者来说，本书也同样适用。据估计，美国将近四分之一的成年人正在接受某种形式的定期学习，而从事专业技能或行业的人则需要每隔5到6年接受职业相关的培训，以掌握最新的行业或领域发展动态。如果你是这些人中的一员，那么相较于全日制大学生，你们可能需要承担学习之外的更多其他责任，这就意味着你们可用于学习的时间更少。因此，你们需要掌握最高效的学习方法，才有可能在有限的学习时间内达成既定的学习目标。但寻求所谓的必胜秘诀或学习捷径，并不是正确的解决方案。在确保生活更愉悦、压力更小的同时，你需要付出更大的努力来获得想要的成功。

（四）想要让学习变得更轻松的自主学习者

不管你是想在休假前学会一门新外语，或是为了提升投资相关的专业知识而参加了金融课程的学习，或是希望花费更少的时间和精力通过一门考试，本书所提供的策略都将使你受益。因为本书所提供的策略和方法，不仅简单实用，还可以轻松地用来解决任何类型的学习困难或问题。

二、如何学习

很多书籍都对如何学习进行了研究。是什么让本书与众不同？本书将系统地研究被我称为"学生时代"的每个主要领域，并有针对性地提供许多实用的解决方案。本书还将为学习者提供必要的精神动力和激励，不仅可以使你的学习突飞猛进，还能够让你真正享受学习的过程。

下面这六种独特的解决方法，让本书与众不同、脱颖而出。

1. 本书将让你学会如何优化主管学习的器官——我们的大脑。

2. 本书不仅是一本关于如何高效学习的书，还是一本可以教会你如何从学生生涯中获益、如何通过优异的表现惠及自身以及如何在不牺牲个人生活的其他方面的情况下，成功地做到这两点的宝典。

3. 作为本书的作者，我不仅是人类大脑和行为研究领域的专家，还是精神科医生、神经学家和脑健康专家。我曾与成千上万的学生合作。虽然他们处于不同的年龄段，但均存在学习问题，而他们都能够通过利用本书提供的策略，取得了学业的成功。鉴于我已经毕业多年，为了让本书更适合21世纪的学生们使用，我特别邀请了我十几岁的女儿克洛伊以及侄女阿丽兹参与本书的编撰过程。你可以通过查阅贯穿本书各个章节的"来自克洛伊和阿丽兹的实用建议"部分的内容，来了解她们为最有效地使用本书所提供策略的方法。

4. 学习绝不仅限于考试的准备、时间的管理和组织的技能。因此本书还将给你介绍改变学习习惯和发掘学习动机的力量（第3章）、学习的准备工作（第4章）、课堂学习的技巧（第8章）、如何组队学习（第10章）以及如何与教师沟通交流（第11章）等相关知识。

5. 需要提醒大家的是，本书概述的每一种方法或建议的有效性，都已经在成千上万的学生身上得到测试和印证。我不会论述其他人的建议和方法，只会告诉你那些真正行之有效的策略！

6. 这本书并不会提供在某个特定学科上取得优异成绩的详细方法。相反的，它更像是一本学习入门指南——旨在为你提供学习的灵感、实用的想法和从枯燥的日常学习中解脱出来的愉悦感。快速地阅读本书就能够立即让你收获益处。而且，在你掌握了本书所提供的各类技巧之后，你就可以更快地掌握任何科目的学习，并且能够更长久地记住所学到的知识和内容。

三、如何聪明而非刻苦的学习

在掌握了本书所提供的工具和策略之后，你将学会更聪明而非更刻苦地学习。你将不再将时间浪费在漫无目的的学习上，而是将精力集中于最重要的任务。这将让你在更短的时间内学会更多的内容。你将开发出许多技能，它们不仅能够让你的校园生涯变得更轻松，也能够让你在后续的终身学习中不断受益。当然，在你掌握这些技能后，不仅学习成绩能够提高，还可以增强自信心并拓展社交生活。本书为你提供的具体措施包括：

1. 改掉不良学习习惯，并养成更聪明的学习习惯。

2. 掌握良好的课前准备方法，在减少整体学习时间的同时，让你可以从课堂教学中收获更多知识和信息。

3. 整体提升全面的学习能力，为你打下坚实的基础，让你可以在更短时间内迅速掌握任何学科或领域的知识。

4. 让你可以更有效地组织自己的时间和学习。

5. 了解不同的学习方法，知道如何选择最适合自己的学习方法。

6. 学会梳理课堂教学的重点，掌握课堂笔记的有效方法。

7. 学会更快速地记忆，且确保能够长期记住所学的知识和内容。

8. 学会选择正确的学习伙伴，发现有时候团队学习比独自学习的效率更高。

9. 学会与教师接触和沟通的方法，使教师们成为你的宝贵资源，而不仅仅是作业或试卷的评判者。

10. 学会如何有效地准备考试并确保考试水平的正常发挥。

11. 提升写作和口语的能力。

12. 探索如何通过消除学业成功的隐患——自动消极想法——来增强个人的自信。

13. 学会充分发掘自己的天赋和潜力。

四、请登上开往成功的巴士!

克利夫·史戴普·路易斯（Clive Staples Lewis）在著作《梦幻巴士》（*The Great Divorce*）中描绘了一群生活在地狱中的人。路易斯明确地表示，这群人因为自己的行为和态度，理应被下放到恐怖的地狱，但这些人还有一次登上从地狱开往天堂的拥挤巴士的机会。这些人只有选择上车，并踏上通往洗心革面的道路之后，才有可能利用这次机会来改变自己的命运。而通过选择本书，你也获得了开启更令人满意的"学业生涯"之旅的车票。那么，现在就请你登上我们的巴士，一起朝着更高效的学习方法和更优异的成绩前进吧——但同时要确保自己能够享受这一路的旅程!

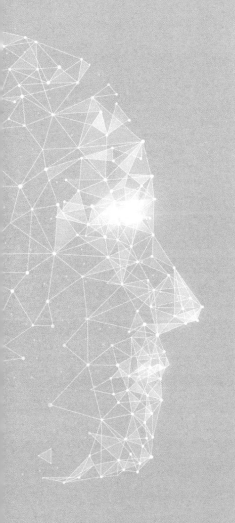

第1章

优化大脑

如何取得学业成功的第一步

人脑是宇宙中最复杂、最奇妙的器官。想要取得学业的成功，需要同时调动大脑的许多不同区域。如果你想在课堂上表现更好，就必须首先了解自己的大脑。毕竟，是大脑决定了你应该盲目地看视频玩游戏，还是去图书馆学习。也是大脑告诉你，应该放弃课堂学习，还是密切关注教授的讲座。还有，也是大脑决定了你是否会因拖延而不得不通宵熬夜，还是能够帮助你通过提前计划，在大考之前睡个好觉。在本章中，我们将研究大脑中的不同系统，了解它们的功能以及它们给我们带来的优势和弱点。我们还将探索三种优化大脑的策略，而这也将是你成为一名优异学生的第一步。但在此之前，让我们先了解一下关于大脑的41个惊人事实。

1. 大脑大约有1,000亿个神经元（脑细胞）。

2. 每个神经元最多可与其他神经元产生10,000个联结。

3. 大脑神经元之间联结的数量，超过宇宙中的恒星的数量。

4. 一块沙子大小的大脑组织，包含100,000个神经元，且神经元之间的相互联结超过十亿个。

5. 大脑会自动清除无用的联结，因此大脑细胞只有两种状态：使用中或被清除。

6. 大脑重约3磅，约占体重的2%。

7. 然而，大脑的卡路里消耗量占到人体全部卡路里消耗量的

20%～30%。

8. 消耗的氧气量占总量的20%。

9. 需要人体体内血液总量的20%。

10. 大脑需要恒定的氧气供应。短短5分钟的脑部缺氧就会导致一些脑细胞死亡，从而导致严重的脑损伤。

11. 大脑的质地类似软黄油、豆腐或奶油蛋。

12. 大脑极易损坏。

13. 柔软的脑组织被包裹在坚硬的头骨之中。头骨具有许多尖锐的骨状脊。

14. 大脑的信息容量等同于《华尔街日报》600万年的信息总量。

15. 大脑的80%都是水。

16. 如果大脑出现脱水，哪怕只有2%的程度，也会对记忆力、判断力和注意力造成负面影响。

17. 大脑的干重大约60%是脂肪。

18. 低脂饮食一般来说对大脑有害无益。

19. 人体中约25%的胆固醇储存在大脑中，对大脑的健康至关重要。

20. 人体总胆固醇水平低于160被认为可能导致凶杀、自杀、抑郁和各种原因导致的死亡。

21. 婴儿的脑袋很大，这是为了容纳他们快速发育的大脑。

22. 孩子在两岁时大脑的体积已经是成人大脑的80%。

23. 大脑的活动在8岁左右达到顶峰，然后持续下降，直到大约25岁时稳定下来。这也就是为什么汽车保险费率会在此时发生变化，因为当人们的大脑完全发育之后，他们可以在路上和生活中大多数地方做出更好的决策。

24. 大脑传递信息的速度可达到每小时268英里，比一级方程式赛车要快（约240英里/小时）。

25. 大脑不间断地产生12至25瓦的电能。

26. 每个大脑每天可平均产生多达50,000个想法。

27. 大脑在短短的13毫秒内就可以处理视觉图像，比一眨眼还快很多。

28. 世界上功能最强大的计算机之一（日本的K计算机）模拟了人类大脑的运作模式进行了编程，但它仍需要花费40分钟才能处理相当于大脑1秒钟的活动信息。

29. 当你停止学习时，大脑就开始死亡。

30. 大脑炎症是导致抑郁和痴呆的主要原因。

31. 牙龈疾病会加剧脑部炎症。

32. 多吃鱼有助于减少脑部炎症。

33. 抑郁症会使女性患阿尔茨海默病的风险加倍，而男性的风险会增加4倍。

34. 大脑会利用夜间时间进行自我清洁或清理，这就是为什么保证至少7个小时（如果您是青少年，则需要8到10个小时）的睡眠至关重要。

35. 夜间睡足7个小时的士兵，第二天在射击场能够达到98%的命中率；那些只睡6个小时的士兵的命中率只有50%；只有5小时睡眠的士兵的命中率是35%；而只有4小时睡眠的命中率只有15%（这在战场等同于送命）。

36. 肠道健康对大脑健康至关重要，因为肠道能合成对大脑健康至关重要的维生素和神经递质。

37. 酒精会导致大脑无法形成新的记忆。

38. 对大脑来说，酒精不是一种健康的饮品。

39. 已经发表的研究证明，大麻会导致大脑提前进入衰退期。

40. 大脑约30%的区域专用于视觉，这就是为什么相较于文字，我们更容易注意并喜欢图像信息。

41. 遭受暴力的儿童，表现出与遭受战争创伤的士兵同样的大脑活动。

人类大脑中最显著的结构是大脑皮层。褶皱的大脑皮层位于大脑顶部，并覆盖大脑其他组织。大脑皮层分布在大脑的每一侧，有四个主要的区域，被称为脑叶。大脑的另一个重要结构被称为小脑。大脑的主要结构包括：

1. 额叶（尤其是前额叶皮层或PFC）：主要负责有目的的运动、规划和预想等大脑活动；

2. 颞叶：视觉和听觉处理、记忆、学习、情绪稳定；

3. 顶叶：方向感、数学、构造；

4. 枕叶：处理视觉图像；

5. 小脑：运动技能、思想协调、处理复杂信息。

正常运作的大脑，可以保证学业的顺利进展；出现问题的大脑，会导致学习问题接踵而来。这是因为健康的大脑能够让我们更加高效、富有创造力、专注和有条理。而当大脑出现问题时——无论具体是什么问题——我们都很有可能在学校遭遇问题，可能会出现与学业规划、专注力、组织能力和记忆力等相关的问题。哪怕是最轻微的大脑问题，都会妨碍学习目标的实现。但好消息是，改造大脑是有可能的。因此我们有可能通过改造大脑取得更为优异的成绩。所以，优化大脑就成为取得学业成功的第一步。

想要优化大脑，我们需要遵循下面三个简单的原则：

1. 爱护自己的大脑；

2. 避开所有可能损伤大脑的事物；

3. 多做能够锻炼和优化大脑的事情。

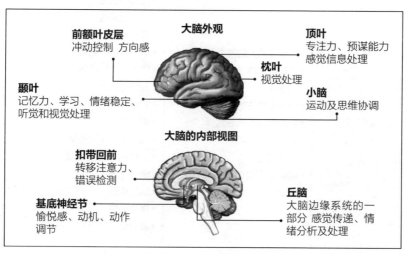

图1.1　人类大脑

表1.1　大脑各区域的功能及出现问题导致的后果

大脑体系	功能	出现问题的后果
前额叶皮层	• 专注力 • 谋划能力 • 规划能力 • 判断能力 • 冲动控制 • 组织能力 • 同理能力 • 从经验中学习的能力	• 注意力持续时间短 • 容易分心 • 缺乏毅力 • 无法控制冲动 • 躁动不安 • 习惯性拖延 • 时间管理能力欠佳 • 杂乱无章 • 无法产生共情的情绪 • 判断力差 • 无法学习经验教训 • 同理心不强
扣带回前	• 转移注意力的能力 • 认知灵活性 • 适应性 • 思想或想法的切换 • 能够看到不同的选择 • 能够"顺其自然" • 合作能力 • 能够发现错误或发现事情不对劲	• 坚强的意志 • 担忧的情绪 • 冥顽不灵，因过往而受伤 • 陷入思想的死角（执迷不悟） • 陷入行为的死角 • 反对的行为 • 好辩 • 不合作 • 倾向于自动地拒绝 • 上瘾的行为（酗酒或吸毒、饮食失调等） • 认知僵化 • 慢性疼痛 • 强迫症（OCD）

基底神经节	• 整合感觉和运动 • 养成习惯 • 控制动机和冲动 • 控制身体的焦虑水平 • 切换和稳定精细动作 • 抑制不必要的运动行为 • 调解快乐和狂喜等情绪	• 焦虑或紧张 • 身体的焦虑感觉 • 预测最糟糕的趋势 • 避免冲突 • 规避风险 • 图雷特氏综合征（抽动） • 肌肉紧张、酸痛 • 震颤 • 精细运动问题 • 过低或过多的动机驱动 • 对拒绝高度敏感 • 社交焦虑 • 抑制人际交往
丘脑/边缘系统	• 设定心灵的情绪基调 • 通过调节内部状态来过滤外部事件的影响 • 从内部标记事件的重要性 • 存储充满正能量的情感记忆 • 调节动力 • 控制食欲和睡眠周期 • 促进人际联系 • 直接处理嗅觉信息 • 调节性欲	• 悲伤或临床抑郁症 • 消极思维增多 • 对事件秉持负面看法 • 负面情绪的泛滥，例如绝望、无助和内疚 • 食欲和睡眠问题 • 性反应的激增或骤减 • 与社会隔离 • 疼痛
颞叶	• 听力/听觉 • 阅读 • 理解社交提示，包括语音和语气 • 短期记忆 • 长期记忆 • 通过视觉识别物体 • 稳定情绪 • 命名事物	• 交流信息的误听 • 阅读障碍 • 不当的社交行为 • 无法理解社交提示 • 记忆问题 • 无法妥善表达的问题 • 视觉识别能力差 • 情绪不稳定 • 异常的感官和知觉 • 愤怒、烦躁

顶叶	• 方向感 • 感官知觉 • 空间信息处理 • 能够看到运动 • 视觉引导，例如抓取物体 • 通过触摸识别物体 • 能够确定在特定空间中位置的能力 • 能够区分左右 • 读取和创建地图	• 存在数学或写作问题 • 方向感受损 • 存在物品拼凑或整合的困难 • 左/右混乱 • 否认疾病 • 位置感受损 • 忽略或意识不到所看到的事物 • 复制、绘图或切割能力受损
小脑	• 思想协调 • 思考的速度（例如电脑的运算速度） • 组织能力 • 运动协调能力 • 冲动控制	• 学习能力欠佳 • 思维较慢 • 杂乱无章 • 容易冲动 • 协调存在问题 • 走路速度慢 • 说话慢

1. 爱护自己的大脑。大多数学生从来没有把大脑当作学习的工具。你（或你的父母）可能会购买各种学习辅助工具来帮助你学习，但事实上最值得我们投入的学习工具是我们的大脑。爱护我们的大脑意味着在做出选择时始终牢记大脑的健康。也就是说，在我们做出任何决定之前，都要问问自己："这个决定对我的大脑有益，还是对我的大脑不利？"

2. 避开所有可能损伤大脑的事物。我们日常生活中可能存在很多会伤害我们的大脑并导致我们难以在学校取得好成绩的事情，例如：

• 缺乏运动

- 思想负面

- 长期承受压力

- 头部外伤

- 环境因素

- 毒品

- 过量饮酒

- 精神健康问题

- 使用多种药物

- 荷尔蒙失调

- 垃圾食品为主的饮食

- 肥胖

- 缺乏睡眠

3. 多做能够锻炼和优化大脑的事情。令人兴奋的是，有很多事情可以增强我们的脑力，并帮助优化大脑功能：

- 学习新事物

- 充满爱的人际关系

- 有明确的人生目标

- 进行体育锻炼，尤其是协调性锻炼（乒乓球、舞蹈等）

- 控制自己的想法和情绪

- 学习冥想和缓解压力的技巧

- 保护头部免受伤害

- 避免吸毒和过量饮酒

- 如存在心理健康问题，积极寻求帮助
- 平衡荷尔蒙
- 丰富的营养
- 摄取补充营养剂（omega-3脂肪酸，维生素B6、B12、D和叶酸）

当你开始优化大脑时，就会发现本书中的所有附加技巧和工具都将变得更容易实现。这将让你能够快速成为优秀而成功的学生。

第2章

了解自己的大脑

你为何会以特定的方式行事？

你为何会产生特定的想法？

你如何才能发挥自己全部的潜力？

你如何才能够更好地与老师和同学沟通？

想要回答这些深奥的问题，你就要充分了解自己的大脑。因为大脑掌控我们的思想、感受、行为和互动。了解自己的大脑，尤其是自己大脑的类型，不仅有助于学业的发展，还能够帮助我们取得人生其他领域的成功。而了解他人的大脑类型，则能够帮助你改善与教师和同学之间的人际关系，让你能够在学校取得更大的成功。

在20世纪80年代后期，当我开始作为精神病医生开展大脑的研究时，我也在不停寻找可以帮助我更有效地让患者更快康复的工具。我和我的同事们开始使用一种称为定量脑电图扫描器（qEEG）的测试来观察大脑。这个测试能够评估大脑的电流活动。在了解病人的大脑类型之后，我们就可以教他们利用神经反馈等原理来改变大脑。这就是我第一本书的灵感来源。我们的研究证明，人类生而具有的大脑并非一成不变，我们可以通过优化大脑来做得更好。1991年，我们又开始采用单光子发射计算机断层扫描成像（SPECT）来进行大脑研究。

一、通过优化大脑来取得更加优异的成绩

学习的准备在你打开课本或走进教室之前就已经开始了。因为学习的准备始于我们的大脑。如果我们的大脑非常健康，那么学习起来就会很轻松。如果我们的大脑不健康，那么就很难取得学业的成功。在过去的30年中，我们采用了革命性的创新方法来诊断和治疗患者。我们使用了单光子发射计算机断层扫描成像（SPECT）的成像研究方法来了解大脑中的血液流动和其他活动的情况。在这些脑部扫描成像中，充分而对称的活动表明大脑非常健康，而空洞则意味着存在血液流动和/或活动明显不足的区域。脑子里有洞可不是什么值得骄傲的事情！当患者们看到自己的大脑扫描成像时，他们开始意识到他们身上存在的问题不是个人的失败，而是一个简单的医疗问题。这些扫描成像也能够激励他们对健康大脑的渴望，促使他们采取必要的措施来保持一个健康的大脑。

健康的大脑
（头顶俯视图）

完整、均匀、活动充分而对称

毒品和酒精滥用荼毒后
的大脑

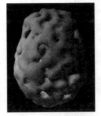

布满空洞或整体活动量较低

15岁脑外伤患者的
大脑扫描成像

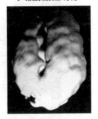

左半脑受损

注意力缺陷障碍（多动症）: 底部表面
的脑部扫描成像

休息时：前额叶区域活
动良好（箭头处）

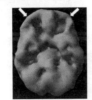

需要集中注意力时：前
额叶区域活跃度明显下
降（箭头处）

健康的大脑（头顶俯视图）

治疗前
前额叶区域活跃度低

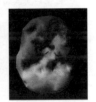

治疗后
整体活跃度显著提升

图2.1　大脑外部SPECT扫描成像

大脑活跃度SPECT扫描

　　下面是一些针对大脑活跃度进行SPECT扫描的成像图片。黑色的
背景代表平均活跃度，白色区域代表大脑活跃度的前15%区域。在成
年人的大脑中，白色区域大部分位于大脑的后部和下部，即所谓的小
脑区域，因为大脑中约50%的神经元位于这个区域。

健康大脑的活跃度扫描成像
（头顶俯视图）

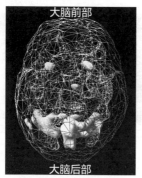

强迫症患者大脑
活跃度扫描成像

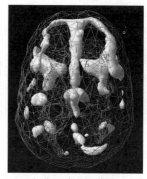

灰色代表平均活跃度区域；15%的白色
区域则是大脑中活跃度最高的区域。

额叶活动明显增加。
额叶过于活跃，需要确保这些区域
冷静下来，才能够缓解患者症状。

创伤后应激障碍症（PTSD）患者大脑扫描成像

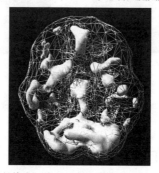

大脑的深层情感区域活跃度显著增加，形成钻石形状。
过于活跃的大脑区域需要得到安抚和舒缓。

图2.2　大脑活跃度SPECT扫描

即使不存在任何心理健康问题，改善大脑的健康状况，也将使你在更轻松地掌握自己的课程的同时，无须放弃生活中其他对你来说非常重要和美妙的事物。而优化自己的大脑，为学习做好充分的准备，是达成这一目标的关键。（本书第15章提供了更多详细信息。也请翻阅本书附录，了解优化大脑的107种方法。）

下面这张关于不同大脑类型成像扫描图已经张贴在全球各地超过10万所学校、监狱和治疗师的办公室里。

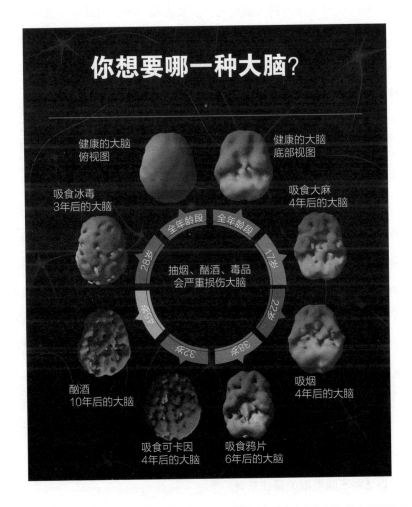

一开始，我们进行研究的目标纯粹是为了能够对应每种主要精神

疾病（例如焦虑症、抑郁症、成瘾、躁郁症、强迫症、自闭症和注意力缺陷障碍/多动症等）的独特大脑电流或血流特征模式。但是我们很快发现，没有一种大脑类型能够与这些疾病一一对应。事实上，每一种精神疾病都涉及多种大脑电流和血液流动类型，因此需要采用针对性的处理方法。这是因为每种精神疾病都不会只有一种模式，例如抑郁症也会分成各种不同的类型，因为每个抑郁症患者的情况都不尽相同。有些患者会表现为拒绝社交，一些患者表现为易怒，而还有一些患者则表现为焦虑或执迷。因此，对根据大脑扫描成像而被划分为同一类精神疾病的所有患者，采取一刀切的治疗方法，只会导致失败和沮丧。

但这些大脑扫描成像的确帮助我们了解了每个患者的病症类型，例如是焦虑、抑郁、多动症、肥胖还是成瘾等，这让我们能够为患者提供针对性的脑部治疗方案。但这个创新的想法让我们在精神病患者疗效方面取得了重大突破，为成千上万前来寻求治疗的患者，以及数百万阅读过我们书籍或看过我们的公共电视节目的人，打开了理解精神疾病的一扇全新大门，并给予他们治愈精神疾病的新希望。在已经出版的著作中，我们论述了：

- 7种不同类型的注意力缺陷障碍/多动症
- 7种不同的焦虑和抑郁症
- 6种不同类型的成瘾症
- 5种不同类型的暴饮暴食

了解大脑的不同类型，对于获得正确的治疗来说至关重要。除了能够了解心理健康方面的问题，我们还意识到，大脑扫描成像也能够让我们看出不同类型的人格。因为大脑扫描成像揭示了大量与人类个性相关的信息，包括思维方式、行为模式以及与他人的互动。

- 如果大脑中血液流动充分、均匀且呈对称状态，我们称其为**全面平衡状态**。

- 如果大脑前部活跃度不够或相较于其他区域显得"昏昏欲睡"，人们就很容易冲动和**被本能驱使**。

- 如果大脑前部比其他区域更活跃，人们更容易担忧，且更容易陷入**执着**状态。

- 当边缘的"情感"区域的大脑活动超过平均水平时，人们可能更容易感到悲伤，更容易**变得多愁善感**。

- 当基底神经节和杏仁核的活动高于平均水平时，人们往往会感到更为焦虑和更加**犹豫不决**。

我在刚开始进行脑部扫描诊断的早期，经常会进行成像"盲诊"，即在不了解关于患者的任何个人信息的情况下，尝试解读脑部扫描成像提供的信息。我发现，哪怕只有一张脑部扫描成像，我也能够了解关于一个人的诸多信息。当然，在针对新患者进行诊断时，我们一定会全面地了解他/她的生活。即便如此，我还是很有兴趣基于患者的脑部扫描成像向他们提出类似"你是否认为自己倾向于以这种方式思考……"等问题。

我们曾接待过一位教师，她想要更了解我们如何帮助存在学习问题和多动症的学生的过程，以便更轻松地向希望为自己的孩子寻求帮助的父母进行推荐。她希望我们给她做一次脑部扫描，然后根据扫描成像提供与她相关的个人信息。她拒绝告诉我关于自己生活经历的任何信息。我告诉她，在接待患者的时候，我们需要基于他们的生活背景来解读大脑扫描成像的信息。但她坚持想知道，仅凭一张脑部扫描成像，我们能够揭示关于她的多少信息。因此，我们对她的大脑进行了扫描。她的脑部扫描成像显示她大脑的前部，相较于健康大脑的对照组，呈现出更为活跃的状态，这符合了我们关于"执着型"大脑类型的描述。

下面是我和她的对话：

她坚持说："那么，说说关于我的信息吧。"

"好吧，您是一个坚持不懈、意志坚强的人，并且非常擅长将事情进行到底。"

她笑着肯定了我所说的这些信息。

"但是，"我补充说，"当事情进展不顺利时，你会感到沮丧。你有时候会很固执，而且经常说'不'！"

"不，我没有！"她驳斥我说。

"你确定你自己没有经常说'不'吗？"

"不、不、不、不、我没有！"她说了一连串的"不"，然后她停了下来，咯咯笑了，"好吧，也许我确实倾向于先说'不'。"

二、人格类型发展史的简要回顾

纵观整个历史，研究者曾多次尝试对人和人格进行分类。希腊医生希波克拉底（约公元前460年至前370年）描述了四种基本个性，他认为这是由于体液过多或不足引起的：

- 乐观的（外向、社交、冒险）
- 冷静的（放松、和平、随和）
- 暴躁的（负责、果断、目标导向）
- 忧郁的（体贴、保守、内向、悲伤、焦虑）

我需要承认，从小我就是查尔斯·舒尔兹（Charles Schulz）花生漫画系列的忠实粉丝。当我还是一名驻扎在西德的年轻士兵时，我甚至铺了一张史努比的床单。我对漫画的热爱贯穿了整个大学时期。我甚至想办法把这种热爱融入到自己第一批心理学作业设计中。在一门关于人格和性格的心理课程中，我写了一篇论文，试图用花生漫画的人物来分析希波克拉底的四种个性类型。显然，史努比很乐观，施罗德（Schroeder）很冷静，露西（Lecy）非常暴躁，而查理·布朗（Charlie Brown）十分忧郁。从写完那篇论文之后，我对如何对人格进行分类的科学研究的痴迷就再也没有消退过。

老师、雇主和治疗师倾向于使用性格测试来帮助他们了解学生、员工和患者。其中，最著名的性格测试是下面这三个。

- **迈尔斯·布里格斯职业性格测试**：基于四个维度的十六种性格类型。分别是：外向（E）和内向（I）；感觉（S）和直觉（N）；思考（T）

和情感（F）；判断（J）和感性（P）。

- **DISC四型人格测试**：通常在企业中使用，根据支配性（D）、影响性（I）、服从性（C）、稳定性（S）对人格进行判断。

- **大五类人格测试**：基于人格的五个基本维度，即外向性、亲和力、尽责性、情绪稳定性和经验开放性对人格进行判断。

这些测试能够让受测试者意识到自己的独特性并可能产生归属感。然而，尽管这些测试被广泛使用，但令人惊讶的是，其实际应用几乎不涉及任何神经科学的原理和作用。在这些测试中，大五类人格测试模型是神经科学家接受程度最高的人格测试框架。

三、全新人格的提出

多年来，我们的大脑成像工作作为一种可以更准确地诊断和治疗精神健康问题患者的有效工具，已经获得了广泛的认可。但可惜的是，因为要么设备资源不足，要么距离亚蒙诊所非常远等，越来越多的患者希望进行脑部扫描但却做不了。为了让更多人能够受益于我们从大脑成像工作中学到的知识，我们开发了一系列的调查问卷，帮助人们预测自己可能的大脑类型，哪怕他们没机会接受大脑成像扫描。我们根据数以万计的脑部扫描成像数据，设计了本书附录提供的筛查问卷。当然，问卷调查的准确度肯定比不上真实的脑部扫描，但这已经是在没办法进行脑部扫描的情况下，人们可以采用的最有效的自评工具了。在过去的30年中，成千上万的精神健康专业人员在实践中使用了我们的调查问卷。根据他们的反馈，这些调查问卷完全改变了他们诊断和帮助患者的方式。

2014年，我们创建了免费的在线脑健康评估（BHA）。这个在线调查问卷可以帮助使用者判断自己的大脑类型，并提供有关大脑健康关键领域的评分。在撰写这本书时，全球已经有超过300万人通过访问网址进行了脑健康评估测试。脑健康评估问卷设计了300个问题，针对大脑不同区域的健康状态进行提问。受访者通过将自己的答案与参考答案对比，就可以验证自己的大脑情况。BHA选择了其中最具预测性的38个问题进行分析。

截至目前，在研究了超过16万次脑部单光子发射计算机断层扫描成像后，我们确定了下面5种主要大脑类型和11种组合大脑类型：

（一）主要大脑类型

大脑类型1：均衡型

大脑类型2：冲动型

大脑类型3：执着型

大脑类型4：敏感型

大脑类型5：谨慎型

（二）组合大脑类型

大脑类型6：冲动-执着型

大脑类型7：冲动-执着-敏感型

大脑类型8：冲动–执着–敏感–谨慎型

大脑类型9：执着–敏感–谨慎型

大脑类型10：执着–敏感型

大脑类型11：执着–谨慎型

大脑类型12：冲动–执着–谨慎型

大脑类型13：冲动–谨慎型

大脑类型14：冲动–敏感型

大脑类型15：冲动–敏感–谨慎型

大脑类型16：敏感–谨慎型

了解自己的大脑类型，让我们可以更多地了解我们在学校的学习状态、学习进度和学业表现背后的原因，让我们知道如何与老师、同学和其他人互动。还可以帮助我们了解如何优化个人的大脑，让我们在学校取得更加优异的成绩。下面就是一个很好的案例。

16岁的玛雅（Maya）刚上高二，在努力完成学校学业的同时，她还在备考SAT（学业能力倾向测验，是高中生升入大学必须通过的测验）。她家里的房间很乱，经常找不到课堂上的笔记或SAT备考材料。学习时，她也无法长时间集中注意力，很容易因社交媒体而分心，所以总是无法按计划完成学习任务。她开始觉得自己永远都考不上大学了，不想再这么费劲地准备SAT考试。她的妈妈杰基只会不断地督促她，逼她继续努力学习和训练，而且不断地唠叨她实在是太懒惰，搞得玛雅越来越沮丧。

玛雅属于第13种大脑类型（冲动-谨慎型），其前额叶皮层活跃程度低（导致了她注意力无法集中、房间杂乱无章以及无法控制自己的冲动等问题），同时她的基底神经节和杏仁核的活跃程度过高（容易出现焦虑倾向且容易预测最糟糕的后果）。

而她的母亲杰基则是第3类大脑（执着型）。她的大脑前部活跃程度高于平均水平。这意味着她会主动承担责任、按时完成工作，并且希望其他人也能够像自己一样严格执行并完成所有的待办事项。因此在玛雅没能按计划完成学习任务时，她认为原因是玛雅太过懒惰。而且杰基特别讨厌东西到处乱放，所以总是看不惯玛雅乱糟糟的房间。这些负面的想法会在杰基的脑中不停循环，她甚至会想起玛雅几年前做错的事情。所有这些给玛雅的处境增加了更多的压力。

为了帮助这对母女，我们必须使用针对她们各自不同大脑类型的营养补充剂和生活方式干预，以尽可能平衡玛雅和杰基的大脑。几个星期之后，玛雅的房间变得更整洁了，也能够更长时间专注于学习。这使她对自己的能力更有信心，也激励她更好地学习以便考上心仪的大学。杰基也意识到玛雅的大脑类型与自己的有所不同，因此也不再期望玛雅能够跟自己上学时一样，用相同的方法来解决学习的问题。随着大脑过于活跃区域得到舒缓，杰基不再为事物的杂乱无章而感到暴躁，也不再斤斤计较玛雅几年前犯过的错。

参加SAT考试之后，玛雅的成绩比预想的更好，并最终如愿进入了心仪的大学。而且，因为她们母女俩承受的压力都变小了，她现在与母亲相处得更加融洽。因此这个案例证明，了解自己的大脑类型以及身边重要人物的大脑类型，不仅能够帮助提升学业表现，还能够改善人际关系。

四、了解自己和核心人际圈的大脑类型

下面是关于5种主要大脑类型的简要概述。

（一）平衡型大脑：对称的大脑活动带来的优势和挑战

最常见的大脑类型之一就是平衡型大脑。拥有平衡型大脑的人倾向于言出必行、守时守约，并且喜欢按照既定的计划去完成任务。通常，这些人不喜欢冒险，不愿意成为第一个吃螃蟹的人，倾向于从儿童时期开始就循规蹈矩。他们喜欢规则并倾向于遵守规则。因为他们具有极强的责任心，又缺乏冒险的行为，他们一般会活得更久。

表2.1　平衡型大脑

拥有平衡型大脑的人倾向于	拥有平衡型大脑的人不太可能
• 专注 • 表现出良好的冲动控制 • 尽职尽责 • 善于变通 • 非常乐观 • 恢复能力强 • 情绪较为稳定	• 注意力集中时间短 • 冲动 • 不可靠 • 担心 • 负面情绪爆棚 • 焦急

脑部扫描成像图片显示，拥有这种大脑类型的人，他们整个大脑的活动相对全面、均匀并呈对称分布。大部分的活动会在小脑区域发生，

而这也是大脑的主要信息处理区域之一。

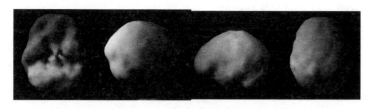

图2.4 平衡型大脑：扫描成像呈现全面、均匀和对称的大脑活动

（二）冲动型大脑：昏昏欲睡的前额叶皮层的利与弊

具有冲动型大脑的人往往会因一时冲动而做事情，喜欢尝试新事物，并且经常认为规则不适用于他们。他们可能会反抗统治组织，并可能采取冒险行为。

表2.2 冲动型大脑

拥有冲动型大脑的人倾向于	拥有冲动型大脑的人不太可能
• 冲动 • 冒险 • 表现出创造性、"异想天开"的想法 • 保持好奇心 • 有广泛的兴趣 • 喜欢惊喜 • 躁动不安 • 容易分心 • 需要非常感兴趣才能专注 • 反抗统治组织 • 会议经常迟到或匆忙抵达 • 被诊断患有多动症	• 讨厌的惊喜 • 避免风险 • 喜欢常规 • 喜欢一成不变 • 遵守规则 • 务实 • 表现出对细节的高度重视 • 表现出良好的冲动控制 • 愿意安分守己

我们的脑部扫描成像显示，拥有这种大脑类型的人通常在大脑的

前部，即前额叶皮层区域的活跃程度较低。而当前额叶皮层的活跃程度过低时，很多问题就会出现。

1. 前额叶皮层

前额叶皮层是大脑中最发达的部分，占人类大脑的30%。在黑猩猩的大脑（与人类最接近的哺乳动物）中占比11%，狗的大脑中占比7%，猫脑中占比3.5%（这就是为什么猫需要九条命的原因），老鼠大脑中占比1%（这就是它们成为猫粮的原因）。前额叶皮层是"执行控制中心"，负责控制可以让我们专注于实现目标所需的行为。

当前额叶皮层保持健康时，人们就能自我监督，并做出正确的决定。当这个大脑区域昏昏欲睡或活动不足时，人们往往变得更冲动、更有创造力、愿意冒险并产生异于常规的想法——这有时是一件好事，但有时也会过犹不及。

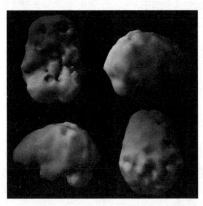

大脑前部前额叶皮层活跃程度低（可与前面的平衡型大脑扫描成像对比）

图2.5　冲动型大脑扫描成像

不管是因为疾病（如多动症、脑外伤或痴呆），还是不健康的生活方式（如缺乏睡眠、过量饮酒或吸食大麻）所导致，前额叶皮层活跃程度不足，很容易导致各类问题的出现。

我们可以将前额叶皮层视为大脑的刹车。它能够阻止我们去说或去做一些不符合个人最大利益的事情，但也可能因此扼杀创造力。前额叶皮层是我们大脑中提供理性建议的声音，可以帮助我们在香蕉和香蕉果干之间进行选择。冲动型大脑往往与大脑中的多巴胺水平降低有关。过低的多巴胺水平，可能导致人变得不安分、倾向于冒险或需要非常浓厚的兴趣才能够保持专注。

我们的研究小组发表过的几项研究表明，拥有这种大脑类型的人，在试图集中注意力的时候，他们的前额叶皮层的活跃程度实际上降低了。这就意味着他们需要兴奋或刺激才能集中注意力（例如消防员和赛车手）。吸烟者和咖啡成瘾的人也倾向于拥有这种类型的大脑，因为他们需要依赖香烟和咖啡因来刺激大脑的活跃程度。

2. 如何优化冲动型大脑

我们可以通过提升大脑中的多巴胺水平增强前额叶皮层的活跃程度。同时，避免使用可能会降低已经非常低的前额叶皮层活跃程度的补品和药物，这些药物或补品可能导致人们做出冲动性的行为。例如，我们治疗过的很多患者，都曾经有过让他们后悔的行为，例如严重的超前消费。这些患者服用了被称为选择性5-羟色胺再摄取抑制剂（SSRI）的抗抑郁药。事实证明，这些患者在前额叶皮层活跃程度本身较低的情况下，服用的这些增加血清素的药物，反而进一步抑制了他们前额叶皮层的活动，导致理性判断力进一步削弱。

因此，要优化冲动型大脑，我们需要遵循表2.3的建议。

表2.3　优化冲动型大脑的建议

建议	避免
• 多吃高蛋白、低碳水化合物的饮食 • 从事体育锻炼 • 服用刺激性补品，例如绿茶、红景天、人参	• 服用镇静补品，例如5-羟色胺 • 服用增强血清素的药物，例如选择性5-羟色胺再摄取抑制剂

（三）执着型大脑：强迫症和控制欲

拥有执着型大脑的人喜欢掌控事物，并且不喜欢被拒绝。他们通常十分顽强和固执。此外，他们很容易陷入担忧情绪，难以入睡，喜欢争辩和反对，并且对过去耿耿于怀。

表2.4　执着型大脑

拥有执着型大脑的人倾向于	拥有执着型大脑的人不太可能
• 固执 • 意志顽强 • 喜欢常规 • 保持怀疑态度 • 喜欢钻牛角尖 • 对过往的伤害念念不忘 • 倾向于看到有问题的一面 • 喜欢反对或辩论 • 更容易患上强迫症	• 不断变化 • 胆小 • 冲动 • 值得信赖 • 轻松调节消极情绪 • 轻松遗忘伤痛 • 看到好的一面 • 不挑剔 • 乐于合作

我们的脑部扫描成像显示，拥有这种大脑类型的人，通常在大脑前部被称为扣带回前的区域活动增强。

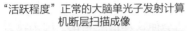

"活跃程度"正常的大脑单光子发射计算 机断层扫描成像

执着型大脑

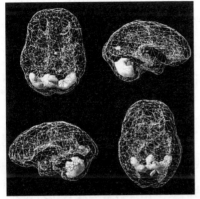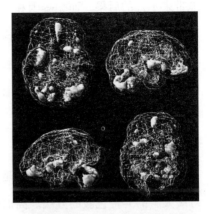

最活跃的区域是位于大脑后部的小脑区域

大脑前部的扣带回前（箭头指向）的 区域活跃程度最高

图2.6 执着型大脑扫描成像

1. 扣带回前

扣带回前位于大脑的额叶深处，呈纵向延伸，并负责控制认知的灵活性。扣带回前的健康活动，可帮助我们顺应潮流、适应变化、与他人合作和成功应对新问题。扣带回前可帮助我们有效地管理变化和过渡，这对个人发展、人际关系和职业发展都至关重要。

扣带回前活跃程度的增加，通常会带来坚强的意志、期望事情维持原状、完美主义和喜欢例行公事等结果，这可能是好事，也可能造成麻烦。

我们将扣带回前视为大脑的换挡器。它可以帮助人们实现思想或行动之间的切换。它决定了我们的头脑是否灵活以及我们能否顺应局势。扣带回前过度活跃，通常是因为5-羟色胺水平低，这可能导致人们无法转移注意力，或倾向于偏执于某一特定事物，即使这种偏执可能带来不好的后果。而咖啡因和减肥药会使这种情况恶化，因为执着型大脑不需要更多的刺激。拥有执着型大脑的人，可能会觉得自己需要在晚上喝一杯（或两到三杯）酒来减少烦恼。请注意，酒精不是健康饮品，过度摄入会损害大脑，而且我们有更健康的方式来使大脑平静下来。

2. 如何优化执着型大脑

改善执着型大脑的最佳方法是找到可以通过非药物的方式，增强舒缓大脑的5-羟色胺的方法。高血糖的碳水化合物会迅速转化为糖并增加5-羟色胺，这就是为什么许多人非常喜欢面包、意大利面和糖果等简单碳水化合物的原因。很多人喜欢这些"情绪食品"，是因为吃完之后能够缓解潜在的负面情绪问题。但其实应该避免使用这些快速恢复的方法，因为长期的不健康饮食反而会导致身体出现问题。

表2.5　优化执着型大脑的建议

建议	避免
• 从事体育锻炼 • 服用镇静补品，例如5-羟色胺、藏红花等	• 多吃高血糖碳水化合物（面包、意大利面、糖果）

（四）敏感型大脑：悲伤和同理心

拥有敏感型大脑的人倾向于对自己的同伴、朋友和所有同胞怀有深刻的感情，并且更容易出现许多自动消极想法和低落的情绪。

表2.6 敏感型大脑

拥有敏感型大脑的人倾向于	拥有敏感型大脑的人不太可能
• 十分敏感	• 情感内敛
• 感情深厚	• 肤浅
• 善解人意	• 持续快乐
• 情绪低落	• 同理心不强
• 容易悲观	• 有积极的想法
• 有很多自动消极想法	• 自动消极想法很少
• 有抑郁症	

我们的脑部扫描成像显示，拥有这种大脑类型的人，通常在大脑的边缘或主管情绪的区域呈现较高的活跃度。

"活跃程度"正常的大脑单光子发射计算机断层扫描成像（SPECT）

敏感型大脑扫描成像图

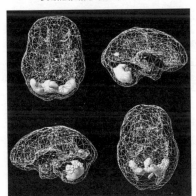
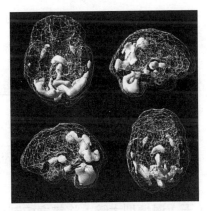

最活跃的区域是位于大脑后部的小脑区域

大脑边缘系统（箭头指向）的区域活跃程度最高

图2.7 敏感型大脑扫描成像图

1. 边缘系统

边缘系统是人类大脑中最有趣、最关键的部分之一。它具有许多对人类的行为和生存至关重要的功能。它设定了心灵的情感基调并调节行为动机。

经验告诉我们，当边缘系统不太活跃时，人们的心态往往会更积极和充满希望。但是，当边缘系统工作过度时，人们倾向于产生悲伤、消极思想和消极情绪。

2. 如何优化敏感型大脑

拥有敏感型大脑的人，通过从事能够释放良好感觉的神经递质、消除负面思想的活动，以及服用某些补品，可以对大脑进行优化。如果拥有敏感型大脑的人，同时还存在偏执的情况，那么服用增强5-羟色胺的补充剂或药物可能是最好的办法。

表2.7　优化敏感型电脑的建议

建议	避免
• 从事体育锻炼 • 接受自动负面情绪治疗（请参阅第14章） • 心怀感恩 • 服用补充剂，例如omega-3脂肪酸、SAMe、维生素D	• 久坐不动 • 放任思绪蔓延 • 执着于负面情绪

（五）谨慎型大脑：将焦虑控制在适度范围，有益身心健康

拥有谨慎型大脑的人倾向于深陷焦虑不可自拔，这使他们变得更加谨慎和保守。但好的一面是，这能让他们总是三思而后行。

表2.8 谨慎型大脑

拥有谨慎型大脑的人倾向于	拥有谨慎型大脑的人不太可能
• 做好万全准备 • 谨慎小心 • 规避风险 • 充满动力 • 保守内敛 • 思绪纷杂 • 性情开朗 • 无法放松 • 有焦虑感	• 不在乎是否充分准备 • 乐意冒险 • 淡定从容 • 可轻易放松 • 思绪稳定 • 脾气暴躁 • 放心

在脑部的单光子发射计算机断层扫描成像上，我们经常看到大脑主管焦虑的中心（如基底神经节、杏仁核和岛皮层）的活动增强。具有这种脑型的人，大脑中的神经递质伽马氨基丁酸（GABA）的水平通常较低。

"活跃程度"正常的大脑单光子发射计算机断层扫描成像

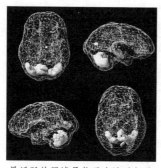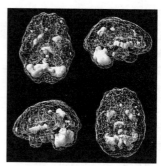

最活跃的区域是位于大脑后部的　　　　大脑基底神经节（箭头指向）的
　　　　　　小脑区域　　　　　　　　　　　　区域活跃程度最高

图2.8　谨慎型大脑扫描成像

1. 基底神经节、杏仁核和岛状皮质

基底神经节、杏仁核和岛状皮质是边缘系统周围靠近大脑中心的结构。它们对健康的人体功能至关重要，因为它们负责设定人体的焦虑水平、控制动力和驱动力，并帮助养成习惯。

基底神经节与大脑的其他区域相连，并参与形成感觉、思想和运动。当基底神经节活动过度或活动不足时，人体就可能会出现许多问题，包括焦虑、悲观和倾向于预测最坏情况等。

事实上，一定程度的焦虑是健康且有必要的，因为它可以帮助我们做出明智的决定，并避免麻烦。而且，尽管我们所有人时不时都可能会遇到基底神经节不健康的症状，但长期性、持续性的担忧并不正常，而且可能会令人非常痛苦。

2. 如何优化谨慎型大脑

要优化谨慎型大脑，最佳的解决方案就是，找到能够舒缓过度活跃的大脑区域的办法，同时避免接触可能会加重焦虑感的事物。

表2.9 优化谨慎型电脑的建议

建议	避免
• 练习冥想 • 练习催眠 • 服用补充剂，例如维生素B6、镁、伽马氨基丁酸	• 摄入咖啡因 • 饮酒

要牢记的是，酒精或许可以在短期内减轻焦虑，但戒酒会引起更严重的焦虑。此外，焦虑群体更容易饮酒成瘾。

通常来说，大多数人都是组合大脑类型。如果你的大脑类型是组合型，那么请结合使用前文论述的具体优化策略来增强大脑的健康。

第3章

改变习惯

如何用更聪明的策略

替代旧习

　　想要成为更高效的学习者，改变学习习惯是关键的第一步。想要充分利用本书后续章节提供的有用信息，改变学习习惯也是最基础的要素。改变学习习惯的过程涉及五大要素。我习惯使用五大要素的首字母缩写STAMP来帮助记忆。此外，五大要素的结合使用，比单独使用任何一个要素的效果要好得多！它们是：（1）为胜利做好准备（S），（2）工具（T），（3）态度（A），（4）动机（M），（5）持之以恒（P）。

一、为胜利做好准备

　　遵循循序渐进的原则，以自己可以接受的速度慢慢开始改变。如果你已经10年没有上过学，就不要指望自己第一个学期就能够学完24个单元的大学课程。同样，也不要尝试短时间内高强度训练自己，你可能会因要求过高而很快感到精疲力竭。就像长跑运动员慢慢地锻炼自己的肌肉那样，我们也应循序渐进地提升自己的学习能力和耐力。如果太过急于求成，可能就会像中断训练长达两年的运动员试图迅速完成5公里的长跑那样，导致肌肉的撕裂和疼痛。而作为学习者，如果急于求成，我们可能遭遇学习的自信心极度受挫的后果。

　　在为成功做好准备的同时，我们还需要学习如何承担周密计划的风险。如果你对自己的能力有信心，可以挑战自己冲击前所未有的学

大脑如何帮助养成习惯与
我们如何通过重构大脑改变习惯

我们的大脑大约有1,000亿个神经元，每当我们想到采取行动时，其中一些神经元就会活跃起来。如果我们一遍又一遍地重复相同的活动或保持相同的想法，则相关的神经元会不断被激发，直到它们通过一个被称为"长期增强"（LTP）的过程开始建立相互联结。在此过程中，无论正在做的事情或思想对我们有益还是有害，我们的脑细胞网络都会建立联结，将该行为或思想变成条件反射。一开始，这种联结是脆弱的，但是随着时间的推移，这种神经回路变得非常牢固，并且相关行为得到强化。最后，它们演变成为习惯。"长期增强"过程可以帮助我们成为一个更好的学生，也可能使我们的学习变得更加艰难，结果是好还是坏，完全取决于我们让大脑进行了什么样的强化联结。

好消息是，我们可以通过重新建立大脑中的联结来改变自己的行为。充足的睡眠、定期锻炼以及抵制全天候滚动查阅社交媒体的冲动，将有助于增强大脑的意志力。每当我们用一种更高效的习惯取代一种旧的、低效率的习惯时，我们的大脑就会覆盖那些旧的神经联结，并开始打造一条通往成功的全新神经高速通道。

术高度。但在大多数情况下，获得这种信心的唯一方法是，进行谨慎的冒险并取得胜利。如果不尝试走出舒适区进行冒险，那么你将永远不会知道自己的潜力有多大。当你知道正确的答案并且成功地挑战了其他学生，甚至是自己的老师之后，你的学术信心就会得到强化。

当你挑战了自我并取得了成功时，不管是通过艰难的计算测试，还是完成一篇绝佳的英语作文，或是在化学科目上取得了高分，你的大脑都会释放多巴胺。多巴胺这种神经递质能够带来良好的情绪。健康的多巴胺水平可以促进大脑释放愉悦、动力和专注等积极情绪，而这种积极情绪的高涨能够激励我们争取更多的成功。

即便如此，我也知道要鼓励大家去冒险并不容易。你可能会担心"万一我错了怎么办"。我的答案是，"即便错了又如何呢？"即使犯错，至少你努力尝试过，而且犯错之后的你肯定永远都会记得正确的答案。我曾听许多学生说，他们放弃成为医生、律师、新闻工作者或工程师的梦想，因为他们觉得自己没有足够的聪明才智。这通常是错误的想法。因为如果你能够遵循本书提供的原则，采取系统的方法学习和规划职业目标，那么你一定可以实现梦想！如果你不愿意付出任何时间、金钱和自豪感来冒险，你肯定会一事无成。只要你敢于冒险，你很快会发现，所有付出的时间、精力和金钱都是值得的！

下面这个技巧，能够迅速帮助你在每一天的学习和工作中，养成赢得胜利的心态。在开始上第一堂课时，就要以良好的态度开始，这样你就可以从每天刚开启的时候，就做好态度和情绪上的准备。拥有了积极的心态，你就会对自己的成就感到满意，并且想再次体验这种感觉。这将会激励你不断尝试和进步！如果你忽视了每天第一节课的准备工作，你可能持续落后于进度，并且感到不满足。没人会喜欢做差生，为了逃避这种令人难忍的感觉，你甚至会中途辍学。如果你一直让自己处于一种沮丧或失败的境地，你获胜的概率会极低。但如果你在上课之前就做好了充分的准备，你可以更有效地参与课堂教学，并且会从中受到鼓舞，使你更有意愿去继续做好课前准备。有备无患的做法对学业和人生均有裨益，因为一次成功能够带来后续无数次的成功。因此，只要你下定了成功的决心并采取相应的行动，那你一定会成功！

二、学习工具：最好的才是最有效的

要想做好一件事情，就必须拥有适当的工具。你觉得一个没有手术刀、牵引器和手术助理护士的外科医生能做很好的手术？如果一个建筑工人，没有锤子、钉子或木头，他能在建筑现场做什么？没有适合的工具，他们都没办法完成自己的本职工作。同样的道理适用于学习。因此，本书将为你们提供学习必备的工具，并将为优化这些工具提供许多实用的建议和帮助。一个好的杂货店长应该对自己的库存了如指掌。而想要成为一个优秀的学习者，我们也应该对自己的优劣势有充分的了解。你应该知道自己的长处何在，以及还有哪些短板需要弥补。

练习：请花几分钟写出自己在学习技能方面的五个优点和五个缺点。因为只有充分了解自身的长处和短处，才能够改善薄弱环节并强化优势。

我的优势

1. _____
   _____

2. _____
   _____

3. _____
   _____

4. _____
   _____

5. _____
   _____

我的不足

1. _____
   _____

2. _____
   _____

3. _____
   _____

4. _____
   _____

5. _____
   _____

本书的后续章节将为你提供各种实用的学习工具，让你能够将不足转化为优势。要确保经常练习和复习这些学习技巧。因为针对良好学习习惯的反复训练，能够强化大脑中的神经通路，逐渐将这些良好的学习习惯变成条件反射，直至你能够自然而然地遵循这些良好的学习习惯。

三、学习态度：是否需要调整

对于学校作业，学生们只有两种态度：要么是将其作为一种前进的动力的积极态度，要么是将其视为一种持续消耗精力的活动的消极态度。正确的态度是，应该将学习过程视为尽可能获取最大化利益的过程。因为这才是花费时间进行学习的唯一合理方法。如果你总是想要超前学习，或是认为学习没有任何用处，只会导致学习进度减慢，并可能需要花更多时间才能完成既定的学习任务。反过来说，如果你能够课前充分准备，课上集中精力学习，并且能够充分

来自克洛伊和阿丽兹的实用建议

每天抽固定的时间或在大考之前，与Siri（苹果手机语言智能助手）、亚力克莎（Alexa，一家专门提供世界排名的网站）或任何智能助手进行对话寻求鼓励。一句简单的"你很棒！"就可以给你提供巨大的动力和信心。

利用课堂的每一分钟，那么你会发现课后自主学习的进度能够大大加快。此外，如果你可以尽可能地发掘所有学到的内容的价值，那么你有可能找到方法，利用这些知识来帮助你学习更多后续的内容。

在养成全新的良好学习习惯的过程中，必须秉持自信的态度。相信自己的能力对成功至关重要。而增强自信的一个最佳方法，就是与相信你的能力并能够为你提供帮助的人在一起。相信你的能力，并能够为你加油鼓劲的朋友、家人和教授，将是你的最佳助力，能够大大提升你获得学业成功的机会。

同时要远离那些不断贬低你的人，远离那些对你强调说你所选的领域竞争力太大因此你无法胜任的人，远离那些认为你不够聪明所以无法成功的人。我在大二时决定去上医学院。我的演讲课老师对我说，虽然她的哥哥比她聪明两倍，都没能考上医学院。换句话说，她在暗示我绝对没可能考上医学院！幸运的是，我聪明地意识到我并不需要这种劝阻。因此我很快中断了与她的各类沟通和交流。因为如果我还是长时间听她这种负面的否定，我很有可能相信了她的说法，并且放弃了上医学院的计划。

另一方面，当我和父亲谈论是否应该冒险选择医学院时，他的答复是，我肯定可以做到自己想做的任何事情。事实证明，我父亲是正确的！当然，我跟其他人一样，也经受过挫折和低谷。我还记得自己数次因为学业压力过大或学业过于繁重而感到情绪低落。在那个时候，我的父亲会拍拍我的肩膀，深情地对我说："儿子，你肯定可以扛过去的。"然后他会轻轻地晃晃我，让我挺直腰杆继续努力尝试。在我自己丧失了信心的时候，还有我的父亲给予我满满的信任。而如果我听信了那些根本不相信我的人会怎样？后果肯定是不堪设想。

与能够看到自己潜力并肯定你的自信和能力的人在一起的重要性，我相信无须赘述。与浑身充满了干劲并且有明确学习目标的人一起交往，能激励你也成为同样的人。此外，如果你看到其他人成功地实现了一个学习目标，那么同样的学习目标在你看来，或许也没有那么困难了！

四、学习动机：如何找到

想要成为一名优秀的学生，最重要的是你要知道为什么要成为一个好学生。如果你能够充分发掘自己的学习动力，那么你更有可能表现出最优异的成绩。

那么，是什么促使你渴望成为一名更成功的学生？

· 你是一个想上知名大学的高中生吗？

· 你是一名大二的医学预科学生，需要在有机化学科目拿到A的成绩才能升入医学院，以便实现自己成为一名医生的梦想吗？

· 你是一名初级心理学专业学生，需要取得非常好的成绩，才能有竞争力进入研究生院，然后有机会拿到心理学博士学位，并实现成为一名心理学家的梦想？

· 你是一名商学院的学生，想要交出一份漂亮的简历，确保自己毕业之后可以在企业里找到一份高薪的工作？

• 你是否正在重返校园，以便实现职业规划的调整，让自己的工作和生活变得更加充实？

• 你是否正在接受在职培训，以便获得更好的薪资，为家人提供更好的生活？

• 你是一名普通学生，只想要提高学习的效率，在花费更少的时间学习的同时，取得更加优异的成绩？

• 你希望成为一名更成功的学生，从而让自己感到更加自信？

1. 自主练习：大多数人每天的宝贵时间都浪费在异想天开上，他们懒得花时间动脑筋通过规划生活实现自己的目标。找到学习动机的一个最佳办法，就是将它们写下来。当你的大脑明确了解了你的想法和目标之后，它能够促使你采取相应的行动实现这些目标。当你沉迷于消极情绪时，你会感到沮丧；当你专注于恐惧时，你会感到焦虑。但如果你专注于目标的实现，那么你成功实现目标的可能性就会很大。

为此，我设计了一个功能强大但简单易操作的学习动机练习。我将之命名为"一页纸的奇迹"。这个练习能够帮助引导你的思想、言语和行动。我见证过这个练习迅速改变了无数人的关注焦点，进而改变了他们的人生。

2. 操作步骤：在下面的空白区域，按照标题要求的内容，清晰地写下自己的主要目标。

3. 人际关系：父母、兄弟姐妹、关系重要的其他人、孩子、朋友、家庭成员。

4. 学业和职业：短期和长期的教育和职业目标。

5. 财务目标：短期和长期的财务目标。

6. 个人目标：心理和生理健康的目标、个人兴趣爱好、精神层面的追求。

逐步完善这些填写的内容。在完成初稿之后，我希望你能够每天查阅一次"一页纸的奇迹"并进行复盘。在你说或做任何事情之前，我希望你能够问问自己"我的行为，是否能够让我得到自己想要的东西"。

如果你能够每天都专注于自己所设定的目标，那么通过匹配自己的行为获得自己想要的东西，就变得更加容易。你的人生将变得更加有目标，并且你也能够将重要的精力集中于对自己重要的目标上。

在这个练习中，我们将人际关系、学业/职业、财务目标和个人目标区分开来，目的是鼓励大家能够尽力平衡生命中的各项重要事情。当我们的生活变得失衡，或因为过于强调某些方面而忽略了其他方面时，我们就很容易感到倦怠。例如，在青少年时期，在人际关系上花费过多的时间，会导致学习的失败和家庭关系的紧张。

我的一页纸奇迹

我想要什么？我怎么做才能实现这些目标？

人际关系：

父母：_____

_____

_____

兄弟姐妹：_____

_____

_____

关系重要的其他人：_____

_____

_____

孩子：_____

_____

_____

朋友：_____

_____

_____

家庭成员：_____

_____

_____

学业： _____

_____

_____

职业： _____

_____

_____

财务目标： _____

_____

_____

个人目标：

心理健康： _____

_____

_____

生理健康： _____

_____

_____

个人兴趣爱好： _____

_____

_____

精神层面的追求： _____

_____

_____

要充分利用自己的大脑来设计和实现生活的目标。朝着那些对你的生活来说至关重要的目标去努力。虽然现实中有许多其他人和企业组织想要替你决定你的人生，你可以通过使用"一页纸的奇迹"，确保自己才是那个做出最终决策的人。充分利用大脑来接收人生目标的信息，然后通过行动将它们变成现实。通过为大脑提供必要的指引，你可以实现自己想要的人生。

案例：乔丹的一页纸奇迹

我想要什么？我怎么做才能实现这些目标？

人际关系：

父母：我希望可以与父母的关系更加亲近。我希望我们可以坦诚地交流并且相互尊重。

兄弟姐妹：我希望自己可以对弟弟更加有耐心，也希望可以跟他一起做更多事情。

关系重要的其他人：我希望我的生命中有那么一个可以鼓励我做到最好的人。

孩子：我现在没有孩子。但是如果我有了孩子，我希望可以给他/她树立一个好榜样。

朋友：我希望可以与关系特别好的朋友继续深交，尤其是

那些跟我三观一致的朋友们。

家庭成员：我希望能够与其他的家庭成员保持积极互动的关系。

学业：我希望能够努力学习，成为一名优秀的学生，让我能够更有把握考上心仪的大学。我希望自己能够成为一名值得尊敬的学生，并希望能够努力与老师们保持良好的师生关系。

职业：我希望自己16岁的时候能够找到一份工作，为自己挣钱花。我希望能够在有趣的领域尝试工作，这能够帮助我选择未来的职业方向。

财务目标：我希望自己能够理性地消费，但同时希望自己能够存下足够的钱去做自己喜欢的事情。我希望能够学会理财。

个人目标：

心理健康：我希望自己情绪稳定、精神专注、心情愉悦，并且不再因为琐碎的小事而感到沮丧。我希望自己是一个积极而乐观的人。

生理健康：我希望自己的饮食结构能够让身体健康并且长寿。我希望自己能够每天步行30分钟。

个人兴趣爱好：<u>我希望自己能够保持关注新闻的习惯，这</u><u>能够让我紧跟时事。我喜欢玩文字游戏，希望自己能够做得更好。</u>

精神层面的追求：<u>我希望能够按照上帝的指示生活。我希</u><u>望自己经常去教堂，并且能够找到一起祈祷和交流的教友。</u>

你是否知道，人类大脑中50%的区域专注于视觉信息的处理？因此，在身边放置可以提示大脑的图像，时刻提醒自己为什么想要成为更优秀的学生，会很有帮助。这些图像能够帮助提升学习的动力。如果想要成为更高效的学生，并进入心仪的大学，那么就可以将该大学的图片作为电脑的桌面。这样一来，每次打开电脑时，它都会提醒你努力学习的原因是什么。如果重返校园的目标是通过能力提升找到更好的工作，为家人提供更好的生活，那么就可以将一张全家福作为提示图片。如果你的目标是在更短的时间内更高效地学习，让自己有时间去做喜欢的其他事情，不管是弹吉他、打网球，还是拍电影，都可以将自己从事这些活动的照片作为提示图像。

不要忘了，保持学习动力是你自己的事情！到了高等教育阶段，来自他人的鼓励会变得很少，因此你需要自我激励，以确保能发挥最大的潜力。你可以设计一些有趣的方法，激励自己的学习积极性，例如当自己能够保持良好的学习新习惯时，给自己一些奖励。或找到一些有趣的学习方式（例如在公园或海滩上学习），或找个朋友跟你一起

来自克洛伊和阿丽兹的实用建议

我们设置了手机日历，以便每次开机时，都有一个提醒看到我们的一页纸奇迹突然出现。它让我们受到鼓舞，并提醒我们为什么要有效地学习。

读书等。

在制定了学习的目标之后，一定要有意识地改变自己的学习方法，以确保能够实现这些学习目标。是的，我们首先要下定改变的决心！因为能够下定决心，才是改变学习生涯的关键点。在你自信满满地做出改变的决定之后，你需要立即采取行动进行改变。越早将重点放在想要实现的目标之上，就能够越稳定地取得优异的成绩，并且获得学业成功的可能性也就越大。

我们可以利用一个简单的策略来确保维持新的习惯。我把这个策略称为"然后呢"。在想要变成优秀的学生时，这个问题发挥着巨大的作用和影响力。因此最好牢记这个问题，并且在每个关键节点提问自己，你会发现这能够实实在在地提升学业表现。如果我这么做，然后呢？如果我笔记做得很潦草，然后呢？如果我记下易于阅读的笔记，然后呢？如果我逃课，没有课前准备或者最后一分钟临时抱佛脚，然后呢？这些措施中的任何一项，对实现我的目标有帮助吗？在采取行动之前，一定要考虑一下行为带来的后果。

健康的大脑边缘系统
能够确保健康的学习动力

大脑的边缘系统会影响学习的动力和动机。边缘系统的最佳活动状态能够让我们每天早起，并且保持一天的充沛精力。脑部成像显示，大脑边缘系统活动过度，与学习动机和驱动力下降有关，并且通常容易导致抑郁症。下面这些方法可以强化大脑的边缘系统：

- 进行体育锻炼。

- 进行自动消极情绪治疗（请参阅第14章内容来掌握这个简单的技巧）。

- 尝试可以安抚情绪的补品，例如omega-3脂肪酸和SAMe。

五、持之以恒

要纠正不良的学习习惯或模式，我们就必须持之以恒。各行各业的许多人，一辈子都没能发挥全部的潜能，不是因为他们缺乏才华或才智，而是缺乏韧性。在培养持之以恒的毅力之前，我们需要了解两个概念：

1. 在行动之前，先估算相应的代价。

2. 在达成目标之前，必然会经历一定程度的磨难和痛苦。

"假设你想要修建一座塔。你会不会先坐下来估算一下成本，看看自己有没有足够的钱来完成它？因为如果你修建了塔基而又没钱完成，那么每个看到这座塔的人都会嘲笑你说，'这是个虎头蛇尾的家伙，开工之后却没有能力完工'。"

确保自己能够持之以恒的前提是，充分了解自己所面对的挑战。如果我们能够了解实现所追求的目标需要付出什么样的代价，我们就不会那么轻易地半途而废。毕竟，半途而废会让我们产生挫败感。假如你的目标是成为心脏外科医生，那么想要达成这个目标，你需要充分意识到这将要求：

- 四年制的本科学位，主修生物学等专业；
- 在医学院入学考试（MCAT）中取得优异的成绩；
- 完成四年制的医学院学习；
- 接受大约五年的普通外科住院医师培训；
- 接受大约两年的专业心脏外科住院医师培训；
- 通过从业资格考试；
- 获得医师协会认证。

要完成这个目标，你总共需要大约15年的学习和培训。因此在开始之前，问问自己是否愿意投入宝贵的15年生命，赢得一个获得高收益的工作机会。一定要诚实地回答这个问题！如果你有其他非常重要的人生目标与这个目标相互冲突，那你可能需要重新考虑是否将成为心脏外科医生作为目标。或许你很喜欢医学领域，但成为心脏外科医生并不符合整体的人生规划，那么或许可以考虑医学领域的其他职业。

让你在享受所需的工作满意度的同时，活出一个更加平衡的人生。

此外，持之以恒还意味着要承受一定程度的痛苦。美国的整体文化似乎提倡将痛苦视为坏事。但事实上我发现，并非所有的痛苦都是坏事——实际上，在许多情况下痛苦是自我成长必经的一个过程。

个人的成长和发展可能会很痛苦。我还记得在很多个夜晚，我的大儿子安东经常在半夜因为腿部的疼痛而呻吟。我常常需要半夜起来给他按摩小腿，或用凉毛巾擦拭小腿，帮助缓解他的疼痛。安东逐渐学会了接受身体成长的疼痛。因为他的愿望是想长得跟1.93米的祖父一样高。

同样的，所有的学习过程都会令人感到痛苦。努力学习很痛苦，独自一人熬夜学习很痛苦，当朋友们都在玩耍而你自己一个人在学习很痛苦，为了学业目标而放弃了物质或社交的目标很痛苦，虽然努力学习和准备，但却因为老师提出了"超纲问题"而没能取得满意的考试成绩更痛苦。做好迎接这些痛苦的心理准备，接受它将成为个人生活和学习生活的常客这一残酷的事实。学会如何充分利用个人的优势，就变得更加至关重要，因为显然这些痛苦随时随地都可能出现。事实上，在你完成学业进入职场后，这些痛苦才会真正地显示它们的威力。但这些痛苦是成为让你陷入困境的挫折，还是能够激发你快速思考，并借此变得更强的契机，完全取决于你个人。如果你不愿忍受这些生活中的痛苦，那么你很容易就会重拾旧习，或一遇到困难就半途而废。

就像任何治病的药物都需要一定时间才能发挥药效那样，良好学习习惯的养成需要时间。但如果你不按照处方服药，那么药效就会受到影响。同样，如果你不能够坚持我们在本书中提供和优化的学习工具，那么这本书给你带来的好处，可能也将微乎其微。

硬核大脑：如何改变学习的习惯

- 以合理的节奏开始努力，并在周密计划的情况下承担合理的风险，以确保成功率。尽可能创造更多正面的、强化性的经验。这是树立赢者心态的关键步骤。

- 学习改变自我的工具，并定期更新。

- 利用积极的心态，来推动改变的进度，并与相信自己潜力的人一起努力。

- 找出能够促使自己更努力学习并下定决心改变不良学习惯的动机。

- 在开始行动之前估算成本，并接受痛苦是变革和成长的必经之路，以确保自己拥有持之以恒的毅力。

- 了解变革的六个阶段，并明白暂时性的挫败和反复是正常的。

变革的六个阶段

重构大脑的思维模式需要时间。在试图养成那些可以让你成为更优秀学生的习惯的过程中，意识到大脑的重构需要经历六个阶段，能够帮助保持专注和朝着正确的方向不断推进。

• 阶段1：我不愿意或我不行。在这一阶段，你似乎认为改变的弊端超出了益处。如果你还处于这个阶段，那么每天问自己数次，"如果我决定改变，这能给我带来什么好处？"这种自问自答能够让你的大脑专注考虑变革的益处而非弊端。

• 阶段2：我可能会改变。在这一阶段，你可能仍对是否进行改变感到犹豫不决。为了朝着正确的方向前进，你要问自己："如果我决定改变，那么我首先要做的第一步是什么？"

• 阶段3：我肯定会改变。在这一阶段，你开始意识到改变带来的好处肯定大过弊端，并且开始制定改变的计划。

• 阶段4：我正在执行改变。在这一阶段，你已经开始采取行动进行变革。这些行动触发了大脑中的长期增强效应机制并开始重构你的大脑。

• 阶段5：我依然在执行改变。在这一阶段，大脑中的"长期增强"效应正在持续发生，你的新行为开始变得更加条件反射和自动。但需要注意，如果你不能持续努力坚持采用新的学习方式，你仍有可能重拾旧习。

· 阶段6：在这一阶段，你已经意识到在改变旧习的过程中，偶尔的退步和挫折是正常的。因此，在出现退步时，冷静地回到相应的阶段重新开始即可。

第4章

基础准备阶段

如何做好学习的前期准备

　　开天辟地之初，先有天和地，然后有了白天和黑夜，太阳、月亮和星星、陆地和海洋、森林和花园、鱼类、鸟类和哺乳动物，等等。这些都是创造人类之前必备的条件，所有这一切都是为了创造人类这一终极目标而进行的准备。

　　你是否认同这个关于人类起源史的说法并不重要。重要的是，你要意识到充分的准备对于成功而言至关重要。因为只要有了坚实的基础，目标就有可能实现。而没有任何前期准备的努力，所有的付出都极有可能竹篮打水一场空。

　　如果你想要成为一名更成功的学生，你应该从哪里着手呢？除了一开始的课前准备，还需要做些什么？如果你想要学习写作，那么你就要学习语法和词汇。如果你想要进入商业圈，那么你就需要学习数学和会计技能。如果你想要成为一名医生，则应从基本的化学和物理知识开始准备。如果你想要成为牧师，那么你就需要学习圣经并且学习公共演讲的技巧。

　　我们在这里想要说明的是，在开始行动的初始阶段之前，我们就应该着手进行准备了。我知道这看起来很多余，但这个简单的办法能够帮助你避免后续无数个小时的沮丧和压力。在化学科目中，我们首先要知道黄金是一种金属，然后才有可能了解它对热能的反应。在你构思一个短篇小说的句子之前，你必须要了解动词和介词的功能。在心理学或医学领域，你得首先了解什么是正常的状态，才能够判断什么情况属于不正常。

实践已经证明，下面这四种策略可以帮助我们为学习做好充分的准备，并提升我们获得学业成功的概率。

一、锤炼阅读技巧

无论你现在是哪个年级或学习什么专业，阅读技能在追求学业成功的过程中是必不可少的。在本书中，我们不会详述如何进行阅读的相关技能，因为大多数的中学、高中和大学都提供了关于阅读技能的选修课。如果你认为自己的阅读技能有待提升，那么我强烈建议你选修一门类似课程。但我会在本书中提供一些有关阅读的小技巧。毕竟为了休闲而读书和为了学习而读书，是完全不同的两码事。前者给人的感觉像是温暖而可爱的小狗狗，而后者则看起来更像是将人逼上梁山的恶棍。

技巧1：养成咬文嚼字的习惯。在进行学习型阅读的过程中，一定要及时查阅自己不懂的词汇。这个良好的习惯能够迅速拓展你的词汇库，并丰富相应某个学科的知识。

技巧2：不要跳过有用的内容。很多人在使用教科书时，习惯性地跳过书中包含的图表、图形、插图、斜体字、侧边栏内容和摘要声明等相关内容。这么做简直大错特错！因为这些要素通常能够提供一些理解教材内容的关键信息，这些信息将增进你对教材的理解，并确保你能够总览"全局"。同样的,阅读教科书的序言、目录、简介和介绍性章节也非常重要。这些内容将为你提供那些经常被大多数学生忽略的宝贵信息。他们很多人可能因为不了解这些信息而无法理解教材的内容,但却完全不知道错在了哪里。

因为这些部分提供了有关如何有效使用教科书、如何学习相关专业、该教材的独特功能、该专业为何重要,以及关于作者的有趣传记等信息,这些信息能够让相关专业或内容变得更平易近人。阅读这部分的内容,能够让你提前熟悉需要完成的学习任务,并为你提供了一个在开课前退回教材和退课的机会。因为你可以通过阅读这些信息,判断这门课程是否符合你的预期。比如,我大二的时候选择了一门生物化学课程,因为我觉得这门课程可能会对我的医学教育有所帮助。但在阅读了教材的序言、导言和前面两个章节之后,我发现自己完全没必要折腾自己两遍。因为医学院的课表中设置了类似的必修课程。于是我在开课前退掉了这门课程,转而选

来自克洛伊和阿丽兹的实用建议

下载例如韦氏大辞典等免费的词典应用程序,让你在阅读过程中可以用手机方便地查阅词汇。你也可以向Siri、Alexa或其他智能手机语音助理询问不知道的单词的定义。但请注意,有时它们的回答可能毫无关联。此外,在撰写论文时,也可以要求它们提供拼写帮助。

修了一门关于死亡和濒危护理的课程，虽然新课程听起来更恐怖，但也更有趣。

技巧3：学会享受你正在阅读的内容，并牢记它的学术价值。我知道很多时候我们无法做到这一点，因为很多时候，我们需要花费更多的时间阅读那些似乎是故意用来折磨我们的心智、挑战我们的智商的内容。但如果你从更长远的角度来尝试理解这些内容的学术价值，那么通读和消化这些内容或许会变得稍微容易一点。

技巧4：制定一个（切实可行的）计划并坚持下去。在阅读前，决定在完成一个章节的内容之后的学习目标，以便进行有目的的阅读。这是一个良好的习惯（无论是在生活中还是在学习上），如果你能够按照计划行事，那么你会发现被浪费的时间变少了，而彻底根除对时间的浪费，也是学习的终极目标之一。但一定要牢记，所制定的计划一定要切实可行。比如，在阅读专业信息密集的经济学书的时候，不要试图逼自己一口气读完10个章节。因为这是不可能完成的阅读任务。按照实际情况，理性地安排自己的学习时间。这将让你更快地吸收阅读材料的信息，并收获更大的成就感。

技巧5：发现自己产生疑惑时，从头读起。你是否曾经历过看教材看了一半之后，突然发现完全想不起刚刚读了什么？当你在阅读过程中感到疑惑时，停下来问问："我是从什么时候开始感到迷惑的？"然后回到自己开始感到迷惑的地方，重读数次，直到完全理解相关内容为止。然后，再次尝试在不受干扰的情况下，完成既定的阅读任务——即不要因为查阅Instagram（记得忽略它发来的消息提示音）而分心。如果你不愿意停下来，重新从不理解的地方开始阅读，那么在一知半解的情况下继续阅读，只会导致阅读变得更加困难，而且可能需要花费更长的时间来理解所读的材料。当你感到迷惑时，越快回头重读，对你自己、你的配偶、你的孩子、你的朋友，甚至是你的宠物狗都有好处，因为你的焦躁程度会降低。

技巧6：回顾与肯定。在圣经《创世纪》中，一个很重要的表述反复出现了数次。在每一天的创造工作结束时，上帝都会说："今天做得很好。"确保你记得在每个学习任务完成时，也能够运用类似的表述，例如"今天做得很好。我完全理解了今天的内容"。如果你发现自己的表述是，"我今天做得不是很好。我没有理解这些内容"，那么请从头开始学习，直到你熟练掌握所有相关的内容和知识。

技巧7：尽量不要分心，也不要尝试一心多用。你可能会以为一心多用是高效率且成功的学生必备的一项能力，因为你可以在更短的时间内完成更多的工作。但大脑研究表明，想要在同一时间专注于多项事务是很困难的。斯坦福大学的研究人员发现，一心多用不仅不能节约时间，还是一项对大脑十分有害的做法，因为它会导致大脑从杂乱数据中筛选有效信息的过程变得更加

> **来自克洛伊和阿丽兹的实用建议**
>
> 当你必须完成教科书或在职培训素材的阅读任务时，将手机调成静音模式，并尽量控制自己查阅社交应用的冲动。

困难。如果你能够一次只专注于一件事情，你的大脑将表现得更好。这就意味着你需要确保自己尽量不受干扰，例如不因手机、电视或YouTube等分心。相信我，你没有那么迫切的需要去了解所有这些消息和娱乐新闻。

二、创造理想的学习环境

想要进行有效的学习，你就需要营造一个舒适的学习环境。那么，什么样的环境能够帮助提高学习效率？下面给出的技巧多数都是常识，但正如我所发现的那样，知道这些常识并不一定等于可以高效地学习。

技巧1：找一个舒适而安静的地方。这个地方要让你感到舒适，是因为当你的身体感觉良好时，你更有可能长时间专注于学习。这个地方要保持安静，是因为你需要集中精神！你坐的椅子应该很舒适，但要注意，也不用舒适到让你感觉这是飞往火奴鲁鲁的国际航班的头等舱座位。因此，不要尝试在床上学习！因为当你躺下时，你的大脑发送的信息是——休息——而这恰恰与学习这一目标背道而驰。你需要保持大脑的适度警觉，才能够进行学习（当然，如果你碰巧正在上一门关于梦的解析的课程，就另当别论）。

技巧2：确保凉爽，但也不要太冷。研究表明，在通风良好且温度可控的房间里进行测试的学生，最后的测试成绩表现更好。太闷、太热或者太冷的空间，都会对学习的效果产生不利影响。最佳的室温应该是在21℃到25℃。

技巧3：确保充足的照
明。确保照明良好，且光线
应该从正方来，这能避免造
成阴影遮盖。另外，确保可
以轻松调节光线，以减少教
科书页面的反光或计算机屏
幕的反射光线。如果你习惯

> **来自克洛伊和阿丽兹的
> 实用建议**
>
> 如果你不得不在晚上学
> 习（大部分学生都逃不开），
> 可以利用屏保或其他可以过
> 滤蓝光的设备保护自己。

于晚上学习，要注意笔记本电脑或平板电脑LED屏幕发出的蓝光，会
干扰正常的生物钟。2015年，《美国国家科学院院刊》上发表的一项研
究表明，睡觉前使用发光的阅读设备（例如Kindle，Nook或iPad等）会
延长入睡时间，进而破坏昼夜生物钟、抑制褪黑激素生成，减少快速
动眼（REM）睡眠量，并导致第二天清晨睡醒时灵敏度降低。

技巧4：确保预留足够的空间。整理办公桌、书桌或书房，以确
保自己有足够的伸展空间，不会感到拥挤或混乱。在整个学习区域中，
应该只留下需要学习的材料。所有其他的作业应该放在视线之外。例
如，在学习英语的时候，不要把数学作业也留在旁边。

技巧5：播放合适的音乐。关于学习的时候应该听什么音乐，专
家们给出了各种各样不同的意见。以我个人的经验，聆听轻柔的音乐，
有可能增强学习的效果。但显而易见的是，大声且重节奏的音乐（如
重金属），将无法帮助你欣赏和理解巴洛克时期美术细节的相关信息！
因此，避免播放任何让你想要一蹦三尺高的动感音乐（对克洛伊和阿

丽兹来说，适合她们的音乐是Drake，JB或整个《妈妈咪呀》配乐）。如果不管什么音乐都会让你分心，那么就干脆关掉音乐，让自己在安静的环境中集中精力学习。

技巧6：学习前准备好所需的工具。如果你需要使用任何学习的辅助工具，那么请在学习之前就确保这些东西放在触手可及的地方，这样你就不需要频繁中断学习的进度去寻找这些工具。

三、确保头脑清醒、精力充沛

技巧1：定期休息。你可能错误地认为，一口气不间断地学完所有的内容是最佳的学习方法。请三思而后行！2011年发表在《认知》杂志上的一项研究发现，短暂的休息可以让人更加专注于手头的任务，并避免注意力随着时间流逝而不断下降。短暂的休息可以让你的头脑焕然一新。当你休息后再回来查看阅读的材料时，你能够以精神焕发和充满活力的状态进入学习。如果你对自己的成绩抱有超高的期望，那么你可能会不愿意中断学习进行短暂的休息，但你要记住，哪怕是街尾那家杂货店门口的乞丐，都会每隔几个小时休息10分钟呢。因此，你应该至少跟乞丐休息同样长的时间，但最好的方法是每个小时休息10分钟。这就是为什么精神科的医生给每个病患看诊的时间不超过50分钟。学习一下专业人士的做法，让自己定期休息——当然，如果你是那种学习10分钟休息50分钟的学生，就不用执行这条关于休息的建议了！

技巧2：动起来。在书桌前面一动不动坐上好几个小时，可不是什么好事，而且会对你的身体造成严重损害。因此，在休息的时候，请从椅子上站起来，活动一下。可以做几个开合跳和伸展运动，也可以出门快步走。不管做什么运动，都能够增强全身的血液循环，从而提振精神。

四、不要急于求成开始学习高阶课程

正如你早就体会到的那样，大多数课程的知识体系都是金字塔型的结构，换句话说，它们都是在最基础的知识之上层层递进的一个结构。《圣经·新约》中说，聪明人会将房子建在岩石地基上，因为只有这样的房子，才能够经得住风雨和时间的考验。愚蠢的人会将房子建在沙子上，当风雨袭来，这样的房子瞬间就会崩塌。而你要做的，就是为自己的学习打下如岩石般牢固的基础，这会大大减轻后续的学习压力和任务。

这意味着在参加想要学习的课程之前，你需要确保已经掌握了这门课程所需的基础知识，否则最终的学习成绩可能会惨不忍睹。我至今还记得自己上大学时，参加完第一周普通化学课学习后的心情——我非常失落，完全听不懂老师讲的任何知识，搞得我以为走错了教室，正在学习的不是化学而是俄语课。我在高中上过必修的化学课，但也就是勉强混个及格（当然，我当时把责任都推到女朋友的头上，认为是她占用了我太多的时间和精力，导致我没法好好学习）。而在我整个学习生涯中，做过的最明智的一件事情就是，退出了这门大学普通化学课，转而从最基础的化学入门课程学起。基础的课程为我提供了扎实的基础，让我可以为更高级别的化学课程做好充分的准备。

　　这种做法可能会导致你的学业进度推后数个月，但背景知识不足或基础知识不扎实恰恰是学生退出高级课程的主要原因。因此，想要成为一名优秀的学生，你就要为将来的课程做好充分的准备。

硬核大脑：做好学习前的准备工作

- 学习的准备工作对最终的学习效果起到关键作用。

- 在开始学习前，让大脑充分预热。

- 从头开始，先巩固自己的学术基础，然后再尝试继续学习更高级的课程。

- 通过使用手机上的字典应用程序和理解辅助工具来提高阅读的能力。通过制定并遵循切合实际的计划，来明确阅读材料的价值和为阅读任务设定目标。在阅读材料之前，记得阅读相关的介绍材料。避免分心。

- 营造一个舒适而安静的学习环境。确保房间的温度得宜、照明充分、座椅舒适且有足够的空间进行学习。记得将容易分散注意力的物品放置在视线之外。选择柔和的音乐，避免选择硬摇滚。

- 定期休息，并通过简单的运动来保持头脑清醒和精力充沛。

第5章

构建整体知识体系

如何从概念到细节

我大二的时候接了一些家教的工作。在第一次给学生补习时，我惊讶地发现，一些学生能够记住的事实是我从未听说过的。但我觉得我可以做老师，而他们只能做学生的唯一原因是，我知道这些事实的来龙去脉，并能够合理地将它们串联起来。而学生们记住的那些事实十分零散，就像失去了树枝支撑而在半空中飘零的落叶一般。

但当时自己还是学生的我，对这个发现感到很震惊。但更令我惊讶的是，哪怕到了医学院的研究生学习阶段，我也在同学身上发现了同样的问题。你可能曾像我一样，以为所有的医学研究生都养成了良好的学习习惯，并且都能够意识到在了解细节事实之前，掌握"整体的体系"更重要。那你就太天真了！令我震惊和沮丧的是，我发现许多医学研究生的学习技巧，跟受过训练的猴子差不多，猴子们也只需要经过多次的重复，就能够学会具体指令。的确，与我接触过的医学研究生的平均智商很高，但他们却将数千个小时的宝贵学习时间浪费在循环、重复和无用的学习上。要是这些被浪费的宝贵时间能够充分利用起来，能创造出多少伟大的医学发现啊。但正如使徒保罗所说的那样，"将落后的东西抛之脑后，朝着先进的东西迈步前行，我才能朝着更高的方向前进。"实际上，这阐释了本书的精髓：如何取得优异的成绩。

我认为，掌握一门学科的"知识体系"是获得学业成功的关键第一步，但这往往也是被很多人忽略的一步。现在，我知道你们中的许多人都希望我告诉你，你们之所以学习不好，只不过是因为"一叶障目、不见泰山"。据你所知，如果你没有意识到自己身处森林之中，那就很容易迷失在茂密的树林的迷宫之中。但如果你明确地知道自己的位置，并知道想去什么地方，那么森林可能是一个让你身心愉悦的地方。

另外一个例子是我自己的旅行经历。这个故事或许可以更清楚地说明我的观点（或就像那趟旅行那样，与家这个目的地背道而驰）。当时我正从加利福利亚州开车前往俄克拉荷马州。这条路线我走过四五次了，每次都是从洛杉矶开车到尼德尔斯再到弗拉格斯塔夫（Flagstaff，又被称为旗杆镇）。但在开启这次旅行时，我刚升入医学院的研究生三年级。我当时可能觉得自己能量爆棚，莫名其妙地认定肯定有比经由尼德尔斯前往弗拉格斯塔夫更近的路。毕竟，世界上有什么是汽车俱乐部（这趟旅行的路线就是这个俱乐部规划的——要记住，那时候还没有GPS）知道，而我这个能耐非凡的三年级医学研究生不知道的？

当我看着那幅路线图时，我看到了一条从加利福尼亚布莱斯到亚利桑那州弗拉格斯塔夫的捷径，在地图上节省了大约2英寸的路途。唯一的区别是这条捷径只有一条红线，而不是两条绿线，并且看上去有点儿绕。我不知道红线和绿线到底意味着什么，但无论如何我认定没有什么困难。于是我晚上9:30按照捷径路线出发了，坚定地认为一定能够在第二天凌晨2点抵达弗拉格斯塔夫。聪明的你现在可能已经猜到了结局，这条所谓的捷径根本不是我想象的那样。在接下来的十个小时中，我经历了整个亚利桑那州最陡峭的弯道和山坡。当我终于在第二天早上7:30抵达弗拉格斯塔夫时，我已经累到呆滞无力，活脱脱就像只刚刚逃离了虐待狂科学家的魔掌，从测试眩晕耐受性的螺旋仪上滚下来的小仓鼠。

显然，我没能掌握这次旅行的全局，因为我没有准确地制定总体规划或纲要。如果我有这样一个计划，那么查询一下单条的红线意味着什么，或寻求汽车俱乐部里那些有着几十年路线规划经验的专家们的帮助，就是一件很简单的事。如果没有适当的准备、没有正确的指示或没有合理的总体规划，仅凭一腔热血去行事，只会带来灾难性的后果。因此，你必须有一个总体规划，确保你从头到尾都知道最终的目标是什么。

这个原则适用于各个学科和专业，适用于几乎所有需要理解的原理和概念。它甚至适用于两性关系，毕竟你需要先请求对方与你约会，并得到肯定的答复之后，再去预定音乐会的门票、晚餐的座位或购买昂贵的新衣服，才不会浪费。因为没有了"全局观"，如想要约会时先得到对方的认同，那么你不管做什么都是无用功。

聪明大脑：掌握大脑健康的"知识体系"

知识体系这个概念绝不仅适用于你的作业和学习，它还关乎你大脑的整体健康，因为这是能够帮助你取得学业成功的关

键基础。我用聪明大脑（BRIGHT MINDS）这两个词的缩写来表示那些关键的因素，因为这些因素决定了你到底是能够高效地进行学习，还是因为学业而倍感受挫。当你能够遵循下列聪明大脑的原则进行优化时，你的大脑将会变得更加健康，并且能够最大限度地提升个人的学术能力。

B代表血流：健康的血流对高速运转的大脑来说至关重要。研究所的大脑SPECT影像显示，血液不足与注意力缺陷多动症、抑郁、自杀念头、药物滥用、躁郁症、精神分裂症、脑外伤等相关，而所有这些症状将会使保持动力和专注于学业变得更加困难。

优化策略：参加体育锻炼、进行冥想和/或祷告练习，并服用omega-3脂肪酸和银杏叶。

R代表理性思考：人的思想具有强大的能量，运用得当可以是积极和有益的。但如果不加管束，也可能是消极和有害的。我将这些有害的想法称为自动消极想法。

优化策略：学习消除那些让你感到难受的自动消极想法（有关更多详细信息，请参见第14章）。

I代表炎症：大脑中高水平的炎症容易引发学习动力下降、抑郁症、躁郁症、强迫症、精神分裂症、人格障碍等症状。此外，还容易造成肠漏症。肠漏症会引起胃肠道疾病、过敏及其他更多可能影响学业进展的事情。

优化策略：多吃富含omega-3脂肪酸的食物；减少摄入富含

omega-6脂肪酸的食物；增加益生元和益生菌的摄入（详情请参阅第15章）。小心使用抗生素，并确保每天使用牙线。必要时请医生测试你的C反应蛋白（CRP）水平、炎症的血液标志物以及omega-3指数（过低的omega-3通常与炎症相关）。

G代表遗传基因： 如果有家庭成员存在脑部健康/心理健康问题，如多动症、抑郁、焦虑、成瘾等，你出现大脑损伤的概率会更大。但这并不意味着你的命运完全由基因决定，因为可以通过培养良好的日常习惯来弱化不良基因的影响。

优化策略：养成有利于大脑健康的习惯，以减少遗传基因的负面影响。

H代表颅脑外伤： 遭受脑震荡和头部受伤后，即使没有昏倒，也可能造成持久问题，包括学习问题、多动症、抑郁症、焦虑和恐慌症、吸毒和酗酒等。

优化策略：好好保护我们的大脑。踢球时请勿用头撞足球；骑自行车或滑雪时，牢记戴头盔。如果头部受伤，请寻求诸如高压氧疗法（HBOT）的治疗和神经反馈等方法来帮助治愈大脑。

T代表毒素： 酒精、大麻和香烟烟雾、非有机产品、许多个人护理产品、霉菌和其他日常物品中发现的自然毒素会伤害您的大脑。接触毒素可能造成学习问题、记忆障碍、脑雾、注意力缺陷多动症、抑郁症、自杀、自闭症等问题。

优化策略：尽可能消除生活中的各类毒素。养护好排毒器官（肝脏、肾脏和皮肤），这有助于从体内排出有毒物质。我们的肠胃也会在排毒中发挥作用，因此要注意肠胃健康。为了养护好排毒系统，请多喝水（肾脏）、减少酒精摄入（肝脏）、运动排汗（皮肤）和多吃纤维食品（肠胃）。

M代表心理健康：如果存在心理健康问题，就很难在学校里做到最好。因为沮丧会导致学习动力的丧失，多动症会使注意力难以集中，而考试当天的焦虑会干扰正常的发挥。

优化策略：按照本书指导，逐一解决相关的所有问题，如无缓解，则寻求专业治疗。

I代表免疫力/感染：免疫系统的失控，可能导致过敏、感染、自身免疫性疾病，甚至癌症。所有这些都可能妨碍你追求最佳的学业表现。

优化策略：补充维生素D的摄入、避免过敏、练习压力管理技巧，并筛查常见感染。

N代表神经激素：荷尔蒙失调会对思维和学业表现产生负面影响。甲状腺的异常导致精力不足和思维模糊、注意力难以集中和多动症等问题。过量的皮质醇会导致压力和焦虑程度激增。生殖激素问题会消耗学习动力，并引起情绪波动和脑雾。

优化策略：检查自己的激素水平。避免使用"荷尔蒙破坏剂"（杀虫剂、某些个人护理产品和化妆品），因为它们会对荷尔蒙功能和分泌产生负面影响。

D代表糖尿病： 血糖水平过高和/或超重或肥胖容易导致"糖尿病"。高血糖会导致大脑中血流较低和海马体萎缩。而海马体则是与学习、记忆和情绪状态有关的大脑区域。因此，肥胖和超重对大脑健康有害，并导致大脑萎缩、脑部血流量减少、多动症和许多其他相关健康问题。

优化策略：了解自己的体重和体重指数（BMI）、腰臀比、糖化血红蛋白（A1C）值、空腹血糖和空腹胰岛素水平。限制披萨饼和啤酒（它们不是健脑食品）的摄入，并将饮食重点放在对大脑有益的营养物质上（详情请参阅第15章）。

S代表睡眠： 睡眠时，大脑会巩固学习成果和记忆，为第二天的学习和工作做好准备和清除神经垃圾——即大脑在白天积聚的细胞碎片和毒素。

优化策略：尽量确保每晚睡眠7至8个小时，并遵循健康的睡眠方案。晚上睡觉时关闭高科技产品，以免干扰睡眠。

技巧1：利用大纲的力量。指的是在开始写作之前对思路有个大体的规划。初步的规划让你知道即将要写什么内容。这会使学期论文或研究论文的撰写变得更加容易，耗时更少。在没有拟定大纲的情况下就动笔写论文，意味着可能会偏题、无法提供有说服力的论据，或不得不多次重写才能确保内容的安排符合逻辑。

同样，在公共演讲中，你要知道在什么地方吸引观众的注意力。

从概述的想法入手，逐步丰富细节，肯定比从零碎的细节入手然后试图以符合逻辑的形式将这些细节整合起来要容易得多。

技巧2：时刻牢记上下文。在了解上下文背景的情况下去理解观点会容易得多。以性格发展为例，如果客观地观察4岁儿童的行为，你可能会认为他们具有许多精神病的特征。例如，你经常会发现他们在和自己或看不见的朋友聊天；他们具有宏伟的幻想或梦想，经常认为自己是电视或书籍中看到的虚构人物。他们还坚定认为，如果爸爸不在家，他们就可以成为一家之主，并且让妈妈嫁给自己！这些4岁的孩子似乎一直存在各种各样的幻觉，他们经常大喊说洗手间里有熊出没，或者尖叫着说有大得吓人的动物、怪物、怪兽或东西藏在他们的床底下。如果所有这些关于4岁儿童的信息，没有放到人类性格发展这个整体框架中理解，那么我们每个州的精神病院可能就会变成托儿所。如果你能够在整体的发展框架之下理解这些细节信息或特征，并观察其随着时间的推移而不断发展的过程，那么所有这一切都将变得有意义。学习的过程也是如此。将正在学习的事实放在上下文中理解，其具体含义会更容易显现。

技巧3：构建一个整体的知识体系。在医学院学习的过程中，缺乏知识体系会导致学生经常性地因小失大或只见树木、不见森林。一年级的医学研究生要掌握2.5万个新单词，第二年需要再学习2.5万个新词汇。但如果他们没有构建一个知识的体系，并将所有这些新词关联起来，那么他们的大脑无疑会罢工，拒绝处理混乱和分散的信息。但如果学习了这些词汇的前缀、后缀和通用的词根，那么分析和掌握5万个新词汇的任务将不再那么遥不可及。

同样的，不管学习哪个科目，无论是代数、历史还是地理，我们都需要针对所学的科目构建相应的知识体系。完整的知识体系能够简化学习的过程。它将使你可以专注于知识和内容的学习，无须分心去试图弄清楚要如何学习。

技巧4：从历史的角度来看待事物。如果你想要避免迷失在各种各样的细节信息之中，那么就得知道这些信息从哪里来，以及未来会如何发展。如果你已经迷失在细节信息中，那么可以暂停学习，回过头去查阅最常见的相关概念，然后再尝试理解具体的细节信息。例如，假设你正在学习美国历史，并需要了解1920年获批的《美国宪法》第19条修正案的细节信息。那么如果能够先了解推动这条法案成形的主要历史事件，如妇女的选举权运动以及苏珊·安东尼（Susan B. Anthony）和伊丽莎白·卡迪·斯坦顿（Elizabeth Cady Stanton）（二者均为妇女运动的领军人物），将会使理解法案的过程变得更加轻松。在不了解任何主要脉络的情况下，试图理解所有的细节信息，会导致大脑变得超负荷，造成的后果是无法获取更多有效的信息。但如果能够在大脑中先梳理出重点脉络，然后按照这个逻辑框架去理解相关的具体信息，那么整体的学习过程就会变得更加轻松而简单。

技巧5：要更重视知识体系而非细节事实。研究已经表明，我们只能记住高中和大学阶段所学的全部知识的10%到15%，更糟糕的是，我们能够实际运用的知识还不到这些的一半。不幸的是，医学院的学生也一样（而患者压根不知道这会给他们带来多大的伤害）。医生们或许会忘记他们曾经学过的很多知识，但重要的是他们掌握了知识体系。例如，你认为神经科学家记得大脑中神经元的确切数目更重要，还是知道这些神经元的功能更重要？

技巧6：学会如何学习。文化和人类学家玛格丽特·米德（Margaret Mead）说："我们要教孩子们的是思考的方法，而不是硬灌特定的思想。"我认为同样的道理也适用于研究生。我们的医学院院长在给班上的学生发布的一份声明中也提出了同样的概念："10年之内，你在医学院学到的80%的知识会被遗忘（这个想法让人感到沮丧），但在这里，你们学到的不仅是医学相关的事实，更重要的是你们学会了进行终身学习的方法和解决问题的办法。"据我个人的经验，有一个坚实的学术基础和对知识体系的持续把握已经足够让我们完成设定的学习或职业任务。

技巧7：从知识体系到具体事实。同样的道理适用于对掌握最刁钻的细节信息的追求。我相信你们很多人看到这里时会无奈地抱怨说："我知道如果毕业之后还能记住这些东西非常好，但我目前更担心的是如何熬过下周二的考试。掌握知识的整体框架当然很重要，但你不知道威尔逊博士有多变态。下周二的考试他一定会问，一毫升的采蝇唾液中的氢电子数量是多少。"相信我，我也遇到过很多类似的老师，他们固执地认为，自己学术专业的那一亩三分地才是最重要的。我应付这些老师的唯一办法，就是尝试从整体的知识体系逐渐细化到细节信息，并试图理解这其中的逻辑结构。

如果能够合理地安排私人时间和学习时间，那么你将有充足的时间在把握知识体系的同时，掌握刁钻的细节信息。但如果你选择从细节信息入手，反而会很容易陷入困境，因为你将永远没有时间厘出整体的知识体系。

我在医学院就读时，班上有个很特别的同学。这个同学很出名，是因为他痴迷于掌握琐碎的细节信息，但罔顾整体知识概念的理解。他经常炫耀自己花在学习上的时间，还有自己能够记住的细节事实的数量。但因为他放弃了逻辑的框架和整体的概念的掌握，他的考试成绩通常很差。但如果那些只掌握了大概念和知识框架但却不关注细节信息的同学考得比他好，他就会特别生气。我记得有一次，他的室友在学习了短短2个小时之后，就在组织学的实验室考试中拿到了99分，而他在学习了十多个小时之后，只考到了75分。成绩公布的时候，我们都在解剖实验室做实验，他当场就跪在了地上，大声呼号，抱怨上天不公。

我能够理解他的心情，毕竟在花费了这么多时间和精力学习之后，谁都能考出高分。但前提是除了细节的信息，还要掌握整体的框架和知识体系。要记住，我们的目标是更明智地学习，而不是浪费时间埋头苦干。如果你花了10小时专注于这些微小细节的学习，却不知道这些细节的来源或彼此之间的关联，那么这些被浪费的时间还不如用来休息，放松一下身心！

硬核大脑：从知识体系到细节信息的构建

· 从整体的概念入手，再循序渐进地理解具体的细节信息；

· 不管正在学习的具体内容是什么，一定要在大脑中牢记整体的知识体系和框架；

· 必须要牢记整体的知识体系和框架，因为这是理解细节信息的关键。

第6章

做到井井有条

如何合理安排课程、时间和个人活动

便利贴、微波炉、超级缴税和特氟隆之间有什么共同点？共同点就是，它们都是无意间被发明的。如果我们可以意外地发明有用的东西，那么为什么还要坚持井然有序的安排？为什么我们还需要秩序和纪律？布鲁诺·马尔斯（Bruno Mars，火星哥）这位举世闻名的白金唱片音乐人说："如果没有完全的准备，你是不可能敲开机遇之门的！"

以亚历山大·弗莱明爵士为例。大多数人认为，1928年他在伦敦的圣玛丽医院发现青霉素不过是一次意外。的确，他出于偶然，发现了葡萄球菌培养板上的霉菌污染能够杀死细菌。但如果他没有接受过任何微生物学的教育，如果没有实验室的设备，如果没有他为之付出的时间和心血，如果他没有遵循安排持续关注自己的研究，那么这个50年前的美好意外，可能根本不会被发现！事实上，同样的意外可能已经发生过很多次了，但或许只有他为发现这种意外做好了充分的准备！

小脑：帮助进行组织和管理的大脑区域

井然有序的组织需要一个健康的大脑，尤其是一个健康的小脑（和前额叶皮层）。小脑位于大脑的后部，在思想协调、处理复杂信息和组织中起着至关重要的作用。小脑仅占大脑体积的10%，但这个强大的区域集中了大脑一半的神经元。研究表明，小脑也决定了大脑处理信息的速度，并决定了我们能够以多快的速度吸收新信息。当小脑的活跃度较低时，人们处理信息的速度将变慢，并且思维方式会更加混乱。混乱的思想将导致无法有效地开展学习。某些形式的注意力缺陷多动症（我们已经确定了7种类型的注意力缺陷多动症）与小脑的活动不足有关，而思维混乱是这些症状的标志特征之一。但需要注意的是，一定程度的杂乱无章并不意味着患有多动症。

在我们的大脑成像研究中，我们还进行了一系列显示大脑活动的扫描。下图中的白色显示了活动增加的区域。在健康大脑的扫描成像中，大脑后部的小脑通常是最活跃的区域。

小脑优化策略：参与协调活动，例如乒乓球（我的最爱）、任何形式的舞蹈（因为需要记住编舞）、瑜伽和太极拳等。根据日本大脑成像研究，仅需10分钟的乒乓球运动，就能增强小脑（和前额叶皮层）的活动。尽量减少摄入啤酒和其他含酒精的饮料，因为酒精会减少流向小脑的血液，从而减慢大脑的思维速度。

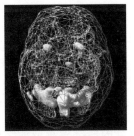

健康而活跃程度适当的大脑
SPECT扫描成像

白色区域部分指的是大脑中
最活跃的区域，一般都是位
于大脑后部下方的小脑。

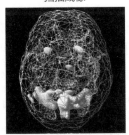

整体活跃程度较低的大脑
扫描成像

小脑区域活跃度较低

一、合理安排个人时间

那么，我们要如何开始建立一个可以提高学习效率、减少学习时间的机制呢？首先，我们要合理安排个人的时间。时间有时候是可靠的助手，但在大多数时候，因为运用不当而成为拖后腿的小坏蛋。

记录自己如何分配时间。在尝试合理安排时间之前，我们需要知道每天1,440分钟都是怎么度过的。最好的方法就是盘点每天所做的事情，以及完成每件事情要花多少时间。通过记录一整周的时间分配，你将能够获得关于自己的许多有趣信息。这些信息不仅有趣，还非常有价值。因为我们经常认为"没有足够的时间"，但实际上，我们拥有很多时间，但需要改进时间分配的方式。

合理安排课后学习的时间。在了解自己当前的时间分配状态之后，我们就可以通过合理的决策，充分利用这些宝贵的时间来提升学习成

> ### 来自克洛伊和阿丽兹的
> ### 实用建议
>
> 　　下载一个效率应用程序，用它来记录你在家庭作业和社交媒体上分别花费了多少时间，并使用Fitbit或其他技术工具来跟踪睡眠、进餐、上课、工作、体育和休闲等方面分别花费多少时间。

绩。老话说，课上学习一小时，课后巩固两小时。但你可能已经发现，这是一个不可能完成的目标。而且，每门课程都有自己的特点，课后复习和巩固的时间长短，也会因所学课程或所学内容的不同而存在差别。此外，在每个科目上花费的时间，也将随着就读的学校和所在的年级不同而变化。如果你还是一个中学生，那么你需要花费在学习上的时间，肯定与医学院或法学院的研究生不同。

　　合理分配各门课程之间的学习时间。首先，你需要充分了解自己的课程表，并估算每门课程所需的学习时间，这能够让你制定一张合理的学习安排表，为每个科目的学习留出充裕的时间。在这个过程中，不要忽略专业之外的课程或学分较少的专业课。我记得自己在医学院第一学期时，认为解剖学是最重要的课程，于是将大部分的时间都花在了解剖学上。以至于我忽略了另外一门学分较少的专业课程——组织学。最后，我的解剖学期末成绩很漂亮，但付出的代价是组织学这门课程不尽如人意的成绩。

　　谨记脚踏实地！如果你已经习惯了每周20小时的学习强度，突然之间制定一个每周35小时的学习安排，只会造成灾难性后果。要牢记，制定计划的目标是为了实现学业的成功，因此要确保其切实可行。如果你制定的目标都是不可能完成的，这极有可能打击你整体的学习积极性。正如前文所述，改变老旧观念和习惯的最佳办法，就是通过持续、正面的经历来逐步强化。如果你为自己设定了不可能完成的计划和安排，那么很容易会因为遭受挫折而彻底放弃。但如果制定了合理可行的计划，你会发现坚持执行变得更加简单，并且能够大大增强自信心！仅这一点就能够经常鼓励你去更高效地学习更多的知识。

预留一些调整的空间。在制定时间表时，预留一些灵活调整的空间。要意识到，制定的学习安排表只是基于对时间分配的粗略估算而制定的初稿，需要在后续执行过程中根据实际情况进行调整和修订。应该至少每两周对学习进度表进行一次调整，并在调整时充分考虑具体科目的难易程度、学期论文的截止日期、测试和期中考试等事项。

一张学习安排表就像是一份财务预算。如果能够在制定的时候进行合理规划并预留足够的弹性空间，那么这个计划表就具有巨大的价值和安全性，能够引导你理性地消费自己的金钱（时间）。但反过来，如果你制定的计划表不够合理或太过死板，整个过程可能会让你充满挫败感，并最终将整个计划抛之脑后。当你无法遵循自己制定的学习计划时，你的感觉可能会比完全不做更糟糕。

二、制定一个主动出击的计划

建立高效学习机制的第二个原则是确保能够采用系统的方法，学习选择的每门课程。

充分利用授课的教师作为资源。教授课程的教师实际上是一种最佳的学习资源。学生们通常以为教师们太过忙碌，根本没时间搭理自己，或他们根本不愿意在课后回答学生的任何问题。然而事实却截然相反。当然，不可否认的是，的确有那么一些以自我为中心的老师，认为自己的研究项目比学生更重要，但这样的老师毕竟是少数。我个人的经验表明，尽管大多数教师都很忙，他们依然欢迎学生的私下联系，并且能够通过向学生展示如何学习自己擅长的学科，获得极大的职业满足感。教师们通常会对那些明确表达了对学科兴趣的学生印象深刻，当你的成绩在分级边界上徘徊时，这个印象有时候会决定你是拿到A或B，还是B或C。

> **来自克洛伊和阿丽兹的实用建议**
>
> 查看大学课程和授课老师的在线评价，这可以让你提前了解能够从这门课程中收获什么。

请保持与授课教师的密切联系，并利用他们丰富的经验和专业的建议，指导自己制定该具体课程或学科的学习安排。毕竟，这些教师们至少接受了该学科6-8年的专业教育，并极有可能拥有数年的从教经验，他们的真知灼见肯定能够帮助你理清思路、制定合理的学习计划。

仔细阅读教学大纲。在开始真正上课之前，我们需要花些时间仔细研读该课程的教学大纲。很多学生在学习一门课程的过程中，从没想过要去看看教学大纲，更不用说在开始学习之前。遗憾的是，教学大纲有好几项重要的作用。首先，授课教师试图通过教学大纲告诉学生们该课程即将学习的内容，也提出了对学生学习表现的要求。提前了解这些信息，有助于合理地安排学习时间。其次，教学大纲能够在课程开始之前，为学生提供一个整体的知识框架，让学生开学之前就知道每门具体的学科或课程，有哪些内容是至关重要的。最后，提前阅读教学大纲，能够让你在发现这门课程与自己的预期有所不同的时候仍有时间去选别的课程。

寻求第二方（三方或四方）的意见。如果你不确定是否应该选修一门课程，可以尝试联系那些曾经上过这门课程的人，并咨询这门课程的相关信息或学习要求。通常，选修并以优异成绩完成该门课程的人所提供的经验，能够让你更有可能成功修完这门课程。此外，你还将获得宝贵的建议和信息。你可以问他们：

• 他们是怎么上课的？

> **来自克洛伊和阿丽兹的实用建议**
>
> 可以在网上查找需要阅读素材的相关摘要，但这并不意味着你可以放弃阅读全文。这个方法的主要目的是让你在阅读整本书之前先了解一下大致的框架和梗概。

- 课程要求是什么？

- 进行了什么样的考试以及如何评分？

- 是否有突击测试？

- 他们是否保留了考试的试卷（如果授课教师不反对，最好求一份）。

- 怎么样跟授课教师打好交道？

- 对这门课程最有用的书籍有哪些？

- 关于这门课程，他们最喜欢/最讨厌的是什么？

如有可能，同时与这门课程学习成绩最好和最差的学生谈一谈。因为有时候，那些在课堂上表现不是很好的学生，反而能够提供一些真实有用的信息，让你可以了解到选课之后可能遇到的困难或挑战，例如授课教师语速太快，根本做不了笔记等。如果没能找到上过同一位授课教师的同一门课程的学生进行交谈，那么与那些选修了同一门课程但授课教师不同的学生聊一聊也会很有用，因为他们同样有关于课程的宝贵信息可以分享。千万不要错过这个知识的宝藏！

查看相关的教材书单。一门课程给出的阅读书目可以成为制定学习计划表的重要依据。正如我在前文所论述的那样，可以咨询上过课的学生，有哪些书是选修这门课程必读的，或推荐书单上的哪些书没必要购买。尤其是在大学阶段，有些教授在选择教科书时，并没有从大局层面或从节约学生们不必要开支的角度考虑。在选修课程时，可能还有很多类似的宝贵资源可供发掘。因此一定要积极多方探寻。在下一章中，我们将会详述如何做到这一点。

整理笔记。有效地整理笔记将带来持久的好处，因此我们将在第8章中深入探讨如何做笔记这一问题。但在这里需要先强调一个重要的观点，即如果不能及时地在完成笔记、论文和考试之后进行整理，你肯定会很快忘记！如果你在漫长的一学年结束后，发现角落里堆着两米半高的笔记，你会怎么办？你是否会花上好几个小时分门别类地整理和归档？我认为不太可能。你更可能像大多数人那样，把这些旧笔记一股脑地丢进垃圾桶。

幸运的是，计算机已经使笔记的记录和整理变得更加轻松。如果你利用电脑来做笔记，那么最好为每门课程建立一个独立的文件夹。将笔记按照单元或章节进行分类，可以让你更轻松地准备期末考试。而且电子版的笔记更容易保存并在将来作为参考。相信我，我自己就无数次地回顾和查阅以前的笔记或论文作为参考。你可能每周需要花30分钟左右的时间进行笔记的标注和归档工作，但这些时间绝对花得物有所值，因为这将带来长久的好处。因此，在每周的学习计划中，一定要记得预留笔记整理的时间。

来自克洛伊和阿丽兹的实用建议

如果授课老师讲得太快没办法做笔记，那么可以尝试用手机把教学过程录下来，然后用音频转录软件导出一个笔记的初稿。但一定要记得通读一遍初稿并纠正可能存在的错误。

三、确保自律

最后一个关于学习计划制定的原则，与学习者个人的品质有关。其实本书前面章节中也简单提到过这个原则。在我看来，它也是制定合理的学习计划最关键的因素。因为学习者的自律能力和自控力才能够保证他/她按计划完成自己所设定的目标。《少有人走的路》的作者M.斯科特·派克（M. Scott Peck）博士说，培养自律能力需要学习下面四种基本技巧：

• 学会先苦后甜。"这是调整人生中的辛苦或愉悦情绪顺序的一种过程。这种调整意味着我们刻意地将享受或愉悦放在了痛苦之后，当我们遭遇和体验了痛苦并克服了困难之后，得到的喜悦无疑会翻倍！这也是体面生活的唯一方式。"这就意味着，你需要先做完作业，再想着玩手机或跟朋友们聚会。

• 学会承担责任。这就要求意识到我们需要为自己的人生和学习负责。作为一名学生，你能否取得学业的成功，完全是个人的责任，而不应归咎于缥缈的偶然性或埋怨老师不够优秀。学业是否成功完全是学习者个人的责任。

• 学会接受事实和现实。事实就是我们有足够的资源，而现实则是你需要努力地学习，并且需要准备很长时间，才有可能实现自己的学业目标。

• 学会平衡学习和生活。在这里，派克博士指的是我们需要灵活地安排时间。如果你想实现学习和生活的全面发展，那么就必须要做到这一点。

当你具备良好的自律能力和自控力，你会发现，执行学习计划和确保学习进度有条不紊地进展，变得更容易了。

硬核大脑：如何制定学习计划

• 纪律和学习计划是解决学业、加快学习进度和解决生活中的其他问题所需的基本工具。

• 通过盘点可用的时间合理地规划学习的安排。

• 通过估算每门课程需要的学习时间制定符合实际且灵活的学习计划，并在执行过程中根据具体的需求进行调整。

• 通过咨询授课教师和曾经上过该课程的学生制定有针对性、系统性的学习方法。

• 在学习过程中充分利用教学大纲和参考教科书。

• 整理笔记以发挥其最大的效用。

• 通过学会延迟享受、承担责任、尊重事实和现实，以及平衡学习和生活来确保自律和自控。

第7章

通往成功的路径

如何掌握学习的策略和方法

学习方法是否得当，直接决定了你能否充分利用这些方法在更短的时间内达成决定的学习目标。或因为运用不当而导致事倍功半，更难获得学业的成功。如果思维和学习方法能够保持一致，并能够得出合理的结论和掌握所学的材料，那么你采用的学习方法就是有益的。但如果你的思维或学习方法不成体系或过于僵化，那么你可能会发现自己处于一种非常无聊和沮丧的学习状态。最优秀的学生总是会使用那些高效率且节约时间的学习方法。相对地，那些成绩欠佳的学生往往会因为学习方法不当而感到充满挫折和毫无进步。

每个人都有自己专属的学习方法，而成功的秘诀就是培养一种对自己有用、系统、积极的学习方法。本章将为你介绍各种有效的学习方法，请根据实际情况选用最适合自己的方法。

一、制定一套制胜战略

要制定一套学业成功的制胜战略，你需要在学期开始之前确定每个科目的学习方法。最好的一个策略就是在开学前的几周内实现"绝杀"（而不是搞砸）。这就意味着你需要竭尽全力在课程刚开始的时候表现得最好。大多数学生认为，在新学期刚开始时不用太紧张学习，可以花时间跟整个假期都没见面的同学朋友们聚会放松。这是一个巨大的错误。无所事事地混过开学的前几周，是一种非常危险的做法。因为这将导致你无法专注于课堂的学习，并且容易错过很多至关重要的基础知识。不仅如此，你在开学前几周的表现会直接给你的老师、同学，甚至是自己塑造一个持续一整年的学习形象。如果你能够在学年伊始，就以准备充分、全力以赴的姿态投入学习，你在接下来的整个学年中保持这种积极状态的可能性会更大，这也将使你更容易朝着正确的学习目标前进。

最有效的学习方法：
充分利用大脑前额叶皮层的力量

位于前额后方的大脑前额叶皮层主管诸如计划、重点、前瞻性、判断和组织等功能。它被认为是大脑中最人性化的部分，约占大脑总体积的30%。当大脑前额叶皮层无法正常工作时，我们将很难制定出有效的学习计划并坚持下去。艾玛（Emma）在19岁那年来向我求助，因为她刚被大学开除。她对自己的未来感到沮丧和焦虑。艾玛的智商为140，堪称天才学生，但她的学习方式过于混乱和分散，导致她总是迟交作业。而且因为没能适当地安排学习时间，她总是习惯性地在考试之前通宵达旦地"临时抱佛脚"。

我们在艾玛入睡后扫描了她的大脑。扫描成像显示她的前额叶皮层活动看起来很健康。但我们在扫描她集中注意力进行学习时的大脑时，发现她前额叶皮层中的活动减少了。在健康的大脑中前额叶皮层的活跃程度应该在我们专注注意力时增强。而前额叶皮层活跃程度的降低，是注意力缺乏障碍症的典型征兆。在接受了全面的治疗之后，艾玛得以重返大学。治疗后的她能够将学习安排得井井有条，制定了切实可行的学习计划，并能够持之以恒地执行，最终以优异的成绩毕业。

如果你也存在组织和计划方面的问题或在学习时感到躁动不安或挣扎，即使你没有被诊断为多动症，也必须加强前额叶皮层的活跃程度，而增强大脑中的多巴胺则是关键。（有关增强前额叶皮层功能的特定方法，请参阅第2章。）

如果你能够执行从学期伊始就尽力做到最佳的原则，那么你会在后续的学习中收获下面三个积极的影响：

首先，你的努力将为你打下一个坚实的学习基础。正如我们在前文论述的那样，在良好的基础上构建知识的框架，比在薄弱的基础上要容易得多。

其次，在学期的前半部分努力学习，你将能够在课堂上表现优异，这会增强你的学习自信心。随着信心的增强，你将更容易以积极和富有成效的方式继续学习。因为付出的努力得到了积极的回报，继续努力学习的意愿也将随之增强。而且，在学期刚开始教授的大多为基础知识，取得优异的成绩相对较为容易。但如果你错过了这个打基础的阶段，你会发现后面想要取得好成绩变得越来越难。付出了大量的时间和精力却没能取得预期的成绩，会打击继续努力学习的积极性。

最后，一开始的优异表现能够为你后续的意外情况预留一些空间。例如在后面的一两周内，你可能因为生病、遇到了意中人而无法专心学习，或其他导致你分心的其他事务等，导致学习进度落后。不管遇到什么事情，开学前几周的优异表现，都能够让你在后续的学习中表现得更好，因为你所承受的学业压力已经减少了。

这个基本原则是让我在大学和医学院研究生学习阶段取得学业成功的主要原因之一。扎实的学习基础、增强的学习自信、事半功倍的学习效果以及为自己预留喘息的空间，让自己有机会在较小的压力下进行学习，使我得以成功实现自己的短期学习目标。

二、避免出现应考综合征

制胜策略的另外一个重要方面是，如何安排各类考试之间的学习时间。应考综合征是大学里的一种常见综合征，而且几乎是医学院学生的常态。许多学生在学校的日常状态就是为了准备各种各样的考试，除了准备考试之外，他们没有精力和时间去进行任何其他类型的学习，并且不管什么事情都要放到考完试再说。但在治疗了很多学生之后，我发现，这种不健康的学习习惯带来的后果是焦虑、高血压和失眠。

因此，你需要合理地安排时间，不仅是在备考时段，而是要贯穿整个学期（请参阅第6章获取更多相关信息）。如果你能够坚持一个合理的学习安排，则可以消除或缓解应考综合征，这将使你拥有更积极的学习状态和更健康的身体。

三、切勿死磕教科书

如果你跟很多学生一样，认为学习就是从教科书的第一页学到最后一页的话，你可能没有意识到，还有很多其他材料可能比教科书更有价值。具体地说，我指的是第三方的学习资源：复习参考书、近期的期刊或在线文章以及历年的考试资料。

技巧1：充分利用复习参考书或大纲类书籍。我将这类素材称为"体系型"素材，是因为它们能够提供需要记住的概述性内容。这些素材让你可以在阅读材料之前，获得内容和重点的简要概述，同时也非常适合用于复习。如果你恰好看到一些有用的信息，请突出显示该信息或将其写在便笺上，然后与其他学习资料放到一起。但切勿将它们作为学习材料的唯一来源，因为这可能会导致无法建立某些具体信息之间的关联，或无法体现概念应有的意义。你可以从老师或同学手上找到这些书籍，也可以去图书馆或检索在线书店，或在网上搜索相关的文章或资源，但一定要确保这些信息来源的可靠性——可能会令你失望的是，尽管维基百科条目底部会列出很多可能被证明有用的信息来源，维基百科自身并不是一个可靠的信息来源。

技巧2：阅读近期的期刊和在线文章。如果你能够在学校期间就养成随时关注感兴趣领域的最近发展的习惯，那么你很可能把这个有用的习惯带进职业生涯。期刊文献除了能够为你提供最新的信息之外，通常还会以比教科书更清晰、更简洁的方式探讨一个主题。可以在线检索对自己的学习最有用的期刊文章，并充分利用它们提供的信息来推动自己的学习。

技巧3：复习历年的考试材料。如果你的老师不介意，尽可能获取一些历年考试的试卷等材料！但需要注意，有些老师对此感到不满，而有些老师甚至会断然拒绝提供任何历年的考试材料。但很多老师会觉得为学生提供这些材料没有问题。历年的考试材料和教科书、讲义和复习书籍具有同等的价值。它们能够向你展示老师认为哪些学习内容比较重要，因此能够引导你的学习和复习。此外，历年的试卷也能够让你了解到老师们的出题方式，这能够引导你的答题方法。同样，历年的考试卷也是对所学内容进行自测的最佳方法。最后，老师们也很难每年编出全新的考题，这就意味着许多被考过的题目会再次出现。因此，我们要学聪明一点，尽量从上一级的学生或老师手上拿到相关的材料。你可以利用这些考试的素材，制作一些快速记忆的卡片，存在手机上或打印成随身携带的小册子，方便自己随时随地进行复习。

来自克洛伊和阿丽兹的实用建议

Quizlet这个应用程序很好用，能够让你很轻松地创建和使用记忆卡。

四、高效学习方法的准备步骤

在讨论不同的学习方法之前，我想先探讨一些简单的概念或原则，因为我认为它们是所有好的学习方法的基础。

1. 快速回顾学过的知识和内容。在开始学习新内容之前，快速回顾前一天学习的材料和知识。这不仅能够增进对所学知识的了解，也是一个检测自己对这些知识的理解和记忆的好机会。

2. 按单元或章节进行学习。在开始学习新内容之前，请仔细、系统地选择要学习的内容。这个操作能够让你明确学习的具体目标，并且调整需要完成的学习量。可以用所有需要学习的内容除以可以用来进行学习的时间，就可以知道每个小节可用的学习时间有多少。此外，每当你完成一个章节的学习，你都会感到自己取得了可衡量的进展，这将使以前看起来没完没了的学习，变成可控的阶段性任务。

3. 尝试进行改写以增进理解。如果你因为某些材料的表述不清晰而无法理解，那么可以尝试用自己的话重新表述。此外，改写还将让你能够更长久地记住相关内容。

4. 确保理解所学的材料。能够将知识点背下不等于你能够真正地理解和掌握。理解是掌握的前提。如果你理

> **来自克洛伊和阿丽兹的实用建议**
>
> 可以用手机上的时钟来计时。设置的闹钟会提醒你什么时候应该进入下一章节内容的学习。

解了背下的内容，才能算真正学会了这些知识。另一方面，即使你能够死记硬背地记下自己无法理解的知识或内容，或许可以借此通过考试，但实际上并没有学到任何东西。

5. 学以致用。尝试抓住每一次可能的机会，将所学到的知识付诸实践。这能够让你在日常生活和所学知识之间建立联系。在进行考试时，你也能够回忆起类似的关联，因为实际运用能够大大强化我们对知识的记忆。

6. 以基础知识为支撑。如果在课程刚开始就感到困难，那么最好去巩固一下基础知识。毕竟，花时间巩固一下对基础知识的理解，好过在一知半解的情况下浪费整个学期的时间。

五、确保学业成功的五种学习方法

我为大家推荐下面5种独特的学习方法，希望可以增加诸位实现学业成功的概率。

1. 预习/复习。预习让你知道自己要学什么，而复习则会让你了解自己学过什么——做好预习和复习，学习的任务就完成大半了。

在开始深入学习学科内容之前，先通过预习了解大致内容，并在学完之后总结所学的内容，是构成知识"整体体系"的两个主要原则。如果你能够养成在深度学习之前，先阅读摘要和简单地浏览全文，那么你就能够知道本次学习需要掌握哪些内容，并且能够制定一个合理的计划来完成此次学习任务。

然后，在学习即将完成时，花几分钟时间针对所学的内容写一个简短的总结。这能够加深对内容的理解，并能够激发我们对特定问题领域的思考。

2. 自设测试。我最喜欢的一个学习方法，就是在学习的过程中或结束时，给自己设置一个测试。通过这个方法，你能学会如何挑出重要的知识点，并强化对所学知识的掌握。如果你能够写出相应的测试题目，那它们也会成为期末考试复习的重要素材。我还是学生的时候，会用一张单独的纸写下自己设置的测试问题（并且在背面写下对应的答案）。事实证明，我差不多能够猜中期末考试题的30%–50%。

如果在学习过程中发现自己遇到了问题，也要记下来并请教师或同学进行解答。在学习过程中记录自己关于某些知识点的困惑，在复习阶段尤为有用。因为如果在学习时对某些材料存疑，这就意味着你可能在复习阶段需要花费更长的时间才能掌握它们。

当然，针对自己难以理解的内容去设置测试问题，一开始肯定会拖慢学习的进度。但长远来看，这个做法能够节约大量的时间和精力，因为你不需要再看四五遍教科书或笔记，才能复习或掌握这些材料。

3. 及时标注。画重点（或突出显示）教材上或笔记中的重点内容，是一种非常普遍的学习方法。如果使用得当，这的确能够成为一种有用的学习方法。但很多时候，学生们倾向于滥用标注这个方法。我在上医学院的时候，班上有个同学给他的教材或笔记中的所有内容都加了下划线——而且使用了14种不同的颜色来表明不同程度的重要性！这种过量的标注，做了比不做还糟糕！但对学习材料进行标注能够提升学习效率，主要是因为下面三个原因。

首先，标注能够帮助我们专注于重要的内容。当然，如果每个句子都被画了下划线，这种标注就是纯粹的浪费时间。在进行标注时，除了要关注每个段落的总结句、主要的事实陈述句和重要的支撑材料之外，还需要给自己想要记住的内容或你认为考试可能会考的内容画上下划线。

其次，标注能够让你保持积极主动学习的状态。通过选择重要的内容进行标注，你实际上在逼迫自己积极主动地进行学习，这会降低你被动阅读材料并错过要点内容的可能性。标注能够增强你对重要内容的记忆和掌握。

最后，标注重点有利于课后复习。如果你将所有重要的内容都进行了标注，那么在复习时可以快速参看。但如果没有进行任何标注（或全文标注），那么在复习时可能需要浪费时间再次仔细阅读所有的内容。

4. 总结概括。如果能够以简洁而全面的方式进行概括总结，那么这能够让你以更细致而有条理的方式，重新回顾所学的内容，并大大强化记忆。与标注的方法一样，总结概括也会迫使你主动学习，因为你需要判断哪些内容非常重要，需要进行归纳总结。全文标注相对来说容易，但在进行总结概括时，你不得不迫使自己仅概述重要的内容。最后，总结概括也是一个有效的考前复习工具。很多学生即使在完成内容标注的工作之后，依然要拖到考试前才会进行复习。这个时候，他们就只能依靠自己的笔记和总结概括的内容了。

其实总结概括也不是难事。首先，在页面的顶部写下教材名称、课程名称或主要的学习内容。然后，列举所涵盖的主要概念，可以用数字来标记各个概念。然后在下方使用数字或序列符号，列出自己需要记住的最重要的内容。

但总结概括也有不足。首先，总结概括需要花很多时间，尤其是在非常忙碌的情况下，想要一口气完成总结也不太可能。其次，总结概括要求耐心和细心。只有很耐心的学生，才有可能以如此缓慢的方式完成全新内容的整理。如果你是那种想要尽快完成学习内容的人，那么这个方法可能不太适合你。

如果你想要创建总结概括的材料，那么在学习新内容时，记得要用前后一致的方式进行重点标注。

5. 把自己假想成教师。想象自己正在给一个班上课，并且必须用自己的话，将学到的信息和知识教授给他们。想象自己正站在讲台上给学生上课，大声地解释自己学到的概念。这个方法能够帮助你迅速辨别哪些内容已经被充分掌握，哪些概念还需要进一步复习。

最后，一定要认识到自己的独特性，要在尝试各个方法之后，选择最适合自己具体情况的学习方法。

硬核大脑：如何学会成功学习的方法

- 开学伊始，就要努力学习，争取最佳的表现。这不仅能打下坚实的学习基础，还能够增强学习自信心，留出后续的调整空间。

- 充分利用教科书之外的材料，包括复习参考书、在线期刊文章和历年的考试卷等。能够学习的内容绝不仅仅是教科书。

- 确保完成"学习前的准备步骤"。包括学习前的快速复习和回顾、按照章节内容进行学习、改写表述不佳的内容、先理解再记忆以及学以致用等。

- 使用概述和摘要等方法强调重点知识和内容。

- 为自己创建测试题，以检查自己的理解程度，并学会如何摘取重要的知识点。

- 用下划线来突出重点，保持主动学习的状态并及时复习。

- 如果你是一个有耐心的学习者，可以尝试对所学内容进行总结和概括，因为这相当耗费时间和精力。

- 假装自己是正在进行授课的老师，以评估自己对所学内容的理解和掌握程度。

第8章

学习是一种课堂行为

如何学会课堂学习的技巧

5 岁小孩会紧紧抱住妈妈的大腿，哭嚷着不愿进入教室，就好像教室后面有可怕的怪兽一样。他们悲悲切切地恳求妈妈，问："妈妈，为什么我一定要去幼儿园啊？"很多年后，哪些不愿去幼儿园的孩子成了大学生。他们不再抱着妈妈的腿，也不再哭嚷。但他们可能还是会发出同样的疑问："为什么我一定要去上课？"他们的逻辑推理能力已经进步了，所以他们知道教室里不会出现哥斯拉那样的怪兽。他们不愿意走进教室的理由可能变成了"我已经可以在网上找到所有的信息"或"上课实在是太无聊了"（他们可能会吐槽说，要是拍下学生们在课堂上做的五花八门的事情，把视频拿去卖都能发财；或那些失眠症患者只要看看课堂录像，保证他们能分分钟睡过去）。

如果你非常认同这些说法，并且认为去上课就是浪费生命，那可能仅仅是因为你缺乏一些基本的课堂学习技能。如果你能够掌握在上课时实现最高效率学习的技能，那么你将能够大大缩减课上和课下的学习时间，并在平时作业和考试中表现得更好。

在探讨能将上课时间转化为成功的学习经验所必需的特定学习技能之前，我认为我们需要先回答"为什么我要去上课"这个问题。我们必须要走进教室上课的原因很多，可能是因为：

- 增加特定科目的知识；
- 教师可为你扫清可能存疑的知识点；

- 认识其他学生；

- 观察其他学生学习的方法；

- 找到一个互补的学习搭档；

- 确保不会因缺课而丢学分（尤其是出勤率也是评分标准时）。

当然，我们需要去教室上课的最重要原因是课程本身。在上课时，老师通常会教你：

- 如何学习某些知识；

- 老师认为哪些知识很重要；

- 考试会考什么内容（关于考试内容的重要提示，基本上都是在课堂上给出的）；

- 如何吸收所学的知识，使其能够为你所用，使其具有实用价值。

如果你掌握了课堂学习的方法，那么花在学习上的时间将会大大减少，因为你知道什么是重要的知识，以及如何学习和吸收这些知识。在本章中，我们将为你提供7种课堂学习的方法，帮助你最大限度地利用课堂学习的时间，提升学习的质量和效率。

你可能听说过正念有可以帮助缓解压力和放松身心的力量，但你知道它可以帮助改善大脑吗？研究表明，正念冥想会增加大脑中灰质的数量。大脑的灰质具有管理学习和记忆过程、自我调节等功能。本质上，正念要求我们有意识地将注意力引导和集中在某件事上。为了充分利用课堂时间，课堂上的正念，就意味着需要充分参与课堂并专注于课堂学习。

一、做好充足的课前准备

一旦下定决心要全身心投入课堂学习，那么首先要做的，就是为即将到来的学习做好准备。正如我们在前文所说的那样，充分的准备对学业的成就至关重要。

1. 做好身体的准备。这意味着你需要确保上课前一晚的充足睡眠。你是否知道，晚上少于6小时的睡眠，会降低整体的脑部活动能力，并可能对学习效率产生不利影响？因此请争取每晚睡7–8小时。除此之外，要保证早餐和午餐的摄入，以确保足够的体能。但不要吃得太多，吃太饱容易让人昏昏欲睡（本书第15章将提供更多关于健康饮食的内容，以确保我们可以在学习时保持专注和活跃）。每天进行适当的体育锻炼。定期运动已经被证明能够改善记忆力、缓解压力、提振情绪并减轻多动症、抑郁症和焦虑等的症状。

2. 提前阅读教学大纲。在开始上课前了解即将教授什么内容非常重要。相信我，如果你走进教室的时候，才发现自己忘了当天要进行期中考试，或忘了带要交的论文，一定会让你十分沮丧。提前阅读课程的教学大纲，了解相关事宜的时间节点至关重要。

3. 阅读与即将开始的课程相关的课文内容。这么做有三个目的：首先，这能够让你提前熟悉相关新词汇，不用问自己的朋友"什么是丛集性头疼"。而当他嘲笑你的问题时，很有可能你们都错过了三个重要的知识点。一个很好的办法是，在课前把自己不懂的问题写下来，课后再去提问，而上课的时间就专心听课。其次，提前阅读能够让你巩固对新知识的掌握，因为在上课时你已经是第二次接触到相关的知识和信息了。在提前阅读的过程中，你可能会发现一些自己无法解答的问题，就可以利用上课的时间寻求教师或同学的解答。最后，你能够充分地积极参与课堂教学，这将进一步巩固对知识的掌握，同时给教师留下深刻的印象（虽然这并非我们的学习目标，但留下一个好学的印象也不是坏事）。

> ### 来自克洛伊和阿丽兹的实用建议
>
> 如果你选了在线课程，那么就要知道线上和线下课程的沟通方式完全不一样。线上课程只有授课的视频，能够大大节约时间，是非常有益的。但如果一门课程要求学生进行展示或互动，那么你最好选择线下的实体课程。

二、设定学习目标

设定具体的课堂学习目标。不管需要学习什么具体内容，课前的预习都能够帮助提升课堂学习的效率和质量，减轻学习的压力。你可以设定的学习目标包括课前提出的问题得到解答、了解老师在特定内容中强调的重点或猜测下一次的测试内容等。

不管上什么课，我都会给自己设定一个目标，即设法拿到教师课堂讲义的复印件。这个目标有时候没法完成，因为很多老师凭记忆讲课，根本没讲义；也有些老师不希望学生复印课堂讲义。但我个人的经验表明，大多数老师都有授课内容的注释，如果你能够用正确的方法询问，老师们会很乐意让学生们复印这些材料。

拿到这些材料的好处显而易见，首先你不用担心自己的笔记不完整。此外，你还能够看到注释上的重点标注或加星号的要点，这能够让你知道老师们认为哪些内容是重要的。即使你可以拿到教师的注释素材，我仍建议你在课堂上好好做笔记，因为这是一种主动学习的方法，可以让你的大脑保持精力充沛，并减少在课堂上开小差或做白日梦的概率。

三、避免分散注意力并保持清醒

要充分利用课堂时间，就需要尽量减少干扰，以便保持专注，并需要保持大脑的清醒和活跃度。

最重要的一点就是，要在上课前去洗手间。如果上课期间一直想去洗手间，那你肯定无法专心听讲。同样，如果你感到口渴或肚饿，那么也很难集中精力学习课堂的内容。最好养成习惯，随身携带一瓶水或携带可以在课间补充能量的小食。此外，教室的温度通常不是太低就是太高，因此也可以随身携带一件便于穿脱的衣物，保持身体的舒适感。尽量避免坐在上课时大声说话或接打电话、不停地用笔敲打桌面制造噪声或在上课时吃重口味食物的学生旁边。一般来说，坐在教室最前面可以减少类似干扰，并能够帮助你更好地观察教师，从而掌握从较远的地方看不到的一些非语言线索。

你是否知道在上课时，每看一次手机就会导致你期末考试丢掉0.5分？这是罗格斯大学（Rutgers University）的研究人员在2018年的一项研究中发现的。该研究发现，在课堂上拥有一台高科技设备并不会降低学生理解该课程内容的能力，但是它会导致期末考试的分数降低5%，相当于0.5分。更令人惊讶的是，那些没有在课上玩手机的同学，也会因为他们同学玩手机的行为而导致成绩下降。

如果你发现自己很容易在课上睡着，那么下面这些建议可能会有所帮助。首先，可以尝试在上课前喝一些冷水。因为有时候疲劳是缺水的症状。水占体重的一半以上，没有水，大脑和身体就无法发挥最佳功能。上课前或上课时喝一杯水，可以帮助您保持清醒和精神焕发。一些学生发现，安静地坐着玩一个小玩具，也可以帮助保持兴奋。如果手上不停地忙碌，那么打盹的概率也会变小很多。当然，如果需要做笔记，请不要这样做。避免在上课时入睡的另一项有用的技巧是，尽可能地坐在教室的前面。上课睡着被发现就会很尴尬，因此如果你直接坐在了教师的视线范围内，因为太过放松而睡着的可能性就会变小。

> **来自克洛伊和阿丽兹的实用建议**
>
> 如果你实在是抵抗不了上课刷社交媒体或查阅信息的诱惑，可以把手机放在钱包或背包里，这样你就看不到也用不到了。

四、听见不等于听懂

看到这里，你们中的很多人可能会问："为什么我要了解关于听课的信息？我觉得自己活到现在，也没感觉自己听力很糟糕啊？"我要告诉你的是，很长时间从事一件事情，不代表做这件事的水平或技巧很高。换句话说，你听了这么多年，不代表你就擅长听懂信息。如果你在父母与子女、丈夫和妻子之间做个调查，就会发现他们普遍抱怨对方的聆听技巧。

要确保上课时的有效聆听，你需要遵循下面五个步骤：

1. 挑选一个能够听清教师讲话声音的位置。这就意味着你需要坐在教室的前面，集中注意力仔细聆听，并在听不清的时候请教师增大音量（或重复相关内容）。

2. 分析听到的内容。听这个动作本身，不会给你带来太多信息。你只要想象每天你听到的上百万的声音——街上的噪声、小鸟的啼声、其他人打电话的声音、室友播放YouTube视频的声音等，这些都是大脑不会专门处理的声音。因此，你在听的时候需要集中注意力，这样大脑才会将其当成有效声音进行分析和处理。

3. 确认自己听取并处理了相关信息。上课应该是一个双向互动的过程，这就意味着你需要就课堂内容向教师作出反馈。否则，你可以回家听课堂录音带就行了，何必来上课呢。如果授课教师发现学生们没有注意听讲，那么他/她的授课热情就会减弱，这有可能导致本可以有趣或令人兴奋的课堂，变得令人昏昏欲睡。我们每个人都需要反馈。

因此，通过点头向教师确认你理解了所讲的信息，并在不懂的时候及时提出问题予以反馈。这就是一个积极主动的听众应该做的。

4. 对课程做出反应。如果你正在听取、处理和确认课堂所授的知识，你就会对授课内容产生情绪反应。如果你认同课上的内容，那么可能产生积极的情绪，因为你能够与授课教师建立情感上的关联。如果你不同意所呈现的内容，那可能更好。因为你可以就该主题与教师进行对话，从而增加知识，甚至反过来拓展授课教师的知识。但要记住，即使你不认同教师的观点，这并不意味着你们之间没有任何共同点，或不能够从教师身上学到东西。只有在异议可以强化个人关于某个主题的理解的情况下，不同的意见才具备价值。那些持有不同意见的人，也能够让你学到很多知识，因此要秉持包容的心态，并尽可能从教师身上学到更多东西。

5. 吸收听到的内容。在听取、处理、确认所听到的信息并对授课的内容做出反馈之后，就应该尝试将所学的内容内化为自己的知识。只有在你对讲课的内容有了总体的了解，并明白这些内容对所学的课程和自己的教育目标具备的重要性的情况下，你才能够完成这个内化知识的任务。如果你能够理解教师传授的内容，并赋予其现实意义，那么知识的内化就在上课时同步发生。如果你在课程结束时依然没能做到这一点，可以请老师帮助你梳理你理解和掌握的知识。重点是要意识到自己正在做的事情的重要性，并知道如何将它们融入整体的知识体系和框架之中。这样，你就会成为一个活跃而积极的听众。

五、成为笔记专家

想要取得学业的成功，你就需要学习如何快速而有效地记笔记。为什么做笔记如此重要？你可能会觉得自己的记忆力很好，根本不用做笔记。但每个学期我们平均要上250多个小时的课程，等到期末考试的时候，刚开学那几周学了什么几乎已经全忘了。

因此笔记成了考试复习的最佳素材。根据我的经验，我发现大多数课程的考试内容，超过75%是来自课堂。如果你的课堂笔记做得很好，并能够充分利用笔记进行复习，那么你的期末成绩肯定会在75分以上，当然，如果你能够掌握剩下的25%的内容则更好。此外，如果你拥有大量的笔记素材，将能够大大节约学习时间，因为你已经拥有了大部分的重要材料，并且能够知道往哪个方向去复习。

需要做好笔记的另外一个原因是，不管你正在备考什么考试，例如ACT或SAT、GRE、MCAT、LSAT等，你都可以利用笔记进行复习。而且，正如

来自克洛伊和阿丽兹的实用建议

如果你用笔记本电脑或平板来做笔记，那么在开始上课之前要提前打开文件并准备就绪。可以为每门课都创建一个独立的文件夹，每节课都单独创建一个文档，按日期排列，方便日后的简便查询。下课后，要仔细阅读笔记，并加粗或高亮显示最重要的概念。

我们反复强调的那样，这些笔记将成为你未来学习的宝贵参考资料。

想要做好笔记，就需要进行专门的训练。下面这些技巧能够帮助你迅速掌握做笔记的技巧。

技巧1：入手适当的工具。不管你喜欢在笔记本电脑上打字，还是在线圈笔记本上手写，要确定购买了最适合自己的工具。

技巧2：确保笔记清晰可读。如果因为写的字太小或太潦草，导致难以辨认，那就没有必要浪费时间去做笔记了。因此，尽可能确保字迹清晰可读。如果老师讲得太快，没办法写下所有重要的内容，那么可以请老师们放慢语速。大部分的授课教师都会乐意放慢速度，并且他们也很欢迎类似的反馈。因为当你很难跟上老师的进度时，班上大部分同学也是一样的。

技巧3：给笔记做标记，以便搜索。将日期和授课的主题写在笔记页面的上方，作为检索标识。在期末考试复习时，这将确保你很容易找到相关内容，也有助于归档。

技巧4：充分利用缩略词或符号。为了提升记笔记的速度，我们可以使用缩略词或符号作为辅助。你可以自己创造缩略词或符号，只要你记得它们代表什么意思即可。我个人常用的一些符号和缩略词如下表。

#	序号	#	序号
@	在	impt	重要
~	大约或大概	re	关于

b/c	因为	s/t	某事
b4	之前	tho	虽然
btwn	之间	w/	与……一起/带
esp	特别是	w/i	在……内
etc	诸如此类，等等	w/o	不带，没有
ex	例如	x	x次（例如每天5次）
ie	比如	yrs	年岁

技巧5：整理课堂笔记。教师们通常会按照教学大纲讲课。如果你可以将授课大纲结合到笔记中，那么这些课堂笔记将变得更加容易阅读，也方便日后参考。如果你无法找出授课内容的大纲，则可以尝试自己在笔记中梳理一个内容大纲。

技巧6：预留空白页面。在做笔记时，要记得在页面留白，因为后期肯定还会有其他内容需要添加。比较好的做法是在纸张的左侧留出较大的空间。我们可以将主要的反思和总结写在页边空白处，以体现整个笔记内容的主体。

技巧7：以列表形式记录陈述性信息。如果老师说他即将解释化学过程的五个步骤，或内战爆发的四个原因，或三种脑部疾病，请务必以编号列表的形式记

**来自克洛伊和阿丽兹的
实用建议**

如果你不知道如何为常用词汇创建缩略形式，那么可以上网检索类似的缩略词列表作为参考。

录这些关键信息。当然，也可以使用破折号、序列符号、星号或标志符号等记录罗列信息的要点。

技巧8：与班上同学对照笔记，查漏补缺。与班上另外一个值得信赖的同学对照笔记、进行查漏补缺会很有帮助。这将能够帮助你们俩填补空白，并核实自己笔记的准确性。

技巧9：控制好笔记的内容量。我曾见过一些学生，在教室里坐下之后，试图通过在笔记本上随处零散地记录一些词汇，来尝试吸收和掌握教师传授的内容。但我也见过一些学生，强迫自己写下教师讲出的每个单词。显然，正确的记笔记的做法应该是避开这两种极端。如果你无法把握好笔记的内容量，就确保记录的笔记内容尽可能多。我们需要花时间去记录尽可能多的信息，是因为还有机会在课后查阅时删除不必要的信息或内容。但如果课上写得太少，课后就无法弥补了。而关于笔记到底应该记多少内容，最重要的线索应该来自授课教师。教师解释相关知识或内容的时间越长，就意味着越有必要记笔记。并且，教师们花费了大量心血编制的教学大纲也应该成为记笔记的一个重要参考标准。

技巧10：记录黑板上的信息。如果老师在黑板或白板上写了内容（例如姓名、日期、表格、图表、术语等），一定要记到自己的笔记上。老师之所以把这些东西写出来，是因为他们想要强调这些重要信息。

技巧11：注意老师的口头和非语言暗示。如果老师明确表示某些内容非常重要，为什么你还要质疑它的重要性？毕竟，任课教师才是那个负责制定期末考试卷的人。如果老师在课上以三种以上不同的方式，强调了同一种信息或知识，那么你就要注意到教师在这方面的委婉强调，并将相关的信息点记录到笔记上。如果老师在讲课过程中停顿下来，好像是要给学生预留记录要点的时间，那么你就应该迅速把相关内容写到笔记上。此外，还应留意教师语音和语调的变化，如果他们着重强调了一些单词，那么也应该作为重点内容记下来。另外，也要注意授课老师的肢体语言传递的信息。要学会自己观察并真正理解授课老师的肢体语言。能够看懂肢体语言背后的信息，是一项专门的技能，而掌握这种技能的唯一方法，就是有意识地努力和下功夫，尝试将老师所说的话和他们在说这些话时对应的肢体语言联系起来。

技巧12：突出存疑或重要的内容。在自己不明白的要点旁边画上一个大大的问号，这能够让你记得回顾这个知识点，并确保自己搞清楚其含义。同样，如果你知道哪些内容非常重要，可以在这些内容下面画上下划线或加注星标，以便在复习时能了解其重要性。而且，只要老师说某项内容会成为期末考试的内容，就一定要对这些内容进行特别的标注。

技巧13：了解整体的知识脉络。在掌握了核心要点之后，就应该在笔记上添加你自己和老师认为有必要记录的信息和内容了。记住，什么内容应该被记录下来，取决于授课老师。毕竟，梳理重点是他们的本职工作。

技巧14：持之以恒，坚持到底。我想强调的最后一点是，记笔记还要求我们坚持到最后一秒。通常，一节课的最后10-15分钟非常重要，因为老师们可能会利用这个时间段总结本节课的要点并阐述它们的具体运用。此外，他们还会提示下节课的学习内容。但是到了这个时候，很多学生已经不耐烦了（他们不断看着教室里的时钟，希望老师能够看得懂他们的肢体语言提示并赶快下课），这导致他们错过了许多重要的信息。请一定集中注意力到最后一秒，这能够确保充分利用课堂时间掌握尽可能多的知识。

来自克洛伊和阿丽兹的实用建议

如果你所有的问题没能在课堂上得到解答，并且老师下课后也没空回答你的问题，那么可以向老师们要个邮箱，然后通过电子邮件进行提问。

大多数大学教授和一些中学老师都会向学生提供自己的联系方式，以便学生课后提问。你也可以在教师们值班答疑的时间去面对面地沟通，以获取更多帮助。

六、掌握提问的艺术

在课堂上提问可能是一件棘手的事情。一方面，你需要清楚地表述自己不清楚的知识点是什么。另一方面，你要确保问题的简洁凝练。如果在离下课还有两分钟的时候，你提出一个冗长而详细的问题，这可能会惹恼那些迫不及待去赶下一堂课或吃午饭的同学。下面这些建议能够帮助你有效地在课堂上提问。

技巧1：确保提问时有的放矢。我曾听过这样一种说法，即这世界上不存在愚蠢的问题，只存在愚蠢的提问者。但如果你跟我一起上过课，并听到过有些学生提出的那些哪怕外行都认为太过琐碎和浅白的问题，那么你肯定会相信某些问题确实是很愚蠢，或至少是不合时宜的。因此，在提问时要保持理性，不要浪费老师和同学们宝贵的时间。如果你提出的问题既不重要也不实际，放学后再私下问授课教师更好。因为宝贵的上课时间最好留给那些与授课内容直接相关的重要问题。

技巧2：在出现困惑时，提问宜早不宜迟。如果你在上课过程中发现自己完全无法理解，那么其他学生也很有可能跟你一样。因此，你能够越早通过提问，要求老师停下来解释，上课的效果反而会越好。老师们也很乐意尽早解决学生们的疑惑，而不是任其越积越多。

技巧3：提问应尽可能具体。如果你提出的问题含糊不清，或提出开放式的问题，教师给出的答案或许无法真正解决困扰你的问题。

技巧4：不要害怕以恭敬的态度挑战教师。如果你无法认同教师的观点，并希望他们能够进一步解释自己的立场，这很正常。因为这是学生和教师之间相互学习的最佳方法之一。如果授课教师对所教授的学科非常了解，那么他们肯定不会因你的挑战而感到受威胁。但学会如何与人以相互尊重的姿态进行辩论，是一项值得长期培养的好习惯。

技巧5：不要用过多的提问来浪费宝贵的课堂时间。也要给其他同学提问的机会，并给课堂探讨留出时间。另外，尽量不要在快下课时提问，可以考虑在下课后单独与教师沟通即可。要记住，保持基本的社交礼仪也是一门艺术！

七、课后及时复习

下课之后，我们应该做什么？一部分学生在踏出教室的时候，就将上课学到的知识抛之脑后，直到下次走进教室才有可能重新想起。但这并不是取得优异成绩的正确方式。因为只要课后稍作努力，你就可以确保自己在作业、作文和测试上有更好的表现。

技巧1：与授课教师沟通，并解决笔记中任何存疑的地方。你能够越快解决存疑的内容，学习的效果就越好。

技巧2：下课后尽快重新抄录课堂笔记。虽然抄录课堂笔记看起来耗时又无用，但实际上能够带来几大好处。首先，仅仅是再次抄录这个举动，就能够增强脑海中对所学内容的印象，并延长大脑对相关知识的记忆时长。事实已经证明，相较于学完之后两周都不复习的做法，在课后立即回顾笔记，能够形成更为持久的记忆。其次，重新抄录能够让你重新组织那些零散或匆忙记下的内容，并以更为有序和可读的形式呈现。再次，抄录笔记让你有机会填补缺失的知识点，并解答在上课时产生的任何疑问。最后，在考试临近时，一套完整有序的笔记能够成为备考的极大助力。而且，如果你以后还将选修同一领域的高级课程，那么这些笔记将为你提供必备的基础知识。如果你觉得下课后立即重新抄录笔记有点困难，那么可以尝试在72小时内（3天内）回顾这些笔记并完成查漏补缺的工作。

技巧3：如果你认为期末考试可能考到哪些重要内容，请就相关知识进行提问。可以将提出的问题作为新的笔记写下来。保持这个做法会让你越来越擅长预测考试的内容，因为你的笔记中已经回答了大部分的考题。这个方法也能够让你测测自己跟老师是不是心有灵犀。

技巧4：制作一张知识要点大纲图表。这些图表应仅包含要点，能够有效帮助你完成考前复习。如果你能够养成随时编制和补充这类表格的习惯，它们将对你未来的学习具有巨大价值。

硬核大脑：如何学会课堂学习的相关技能

• 上课的目标应该是增长知识、解决疑惑、与其他学生互动、找到互补的学习搭档以及确保出勤率。

• 上课前的准备应该包括充足的睡眠、充足的水分补给、避免饥饿、坐在教室前排，并意识到课上讲的内容很可能会出现在期末测试中。

• 课堂上的有效聆听要求仔细听取、及时处理信息、确认自己的理解、予以反馈并消化信息。

• 笔记通常是考前复习的最佳资料。

• 做笔记时，可充分利用缩略词和符号，尽量写得清晰可读。如果无法跟上授课的速度，可要求教授放慢速度，可在主要内容旁边留够空白以便后续补充细节信息，并与其他学生对照笔记、查漏补缺。

• 在确定笔记的内容量时，要注意观察授课教师在传递信息

方面的强调，并注意他们的言语和非语言信号传递的信息。

• 在课堂上提问时，要直击重点；在出现疑惑时及时提问；提问时要具体和保持礼貌。

• 重新抄录课堂笔记能够提高笔记的可读性，重新组织笔记能够查漏补缺，并使自己加深对所学内容的印象和记忆。

• 自己编写测试问题，并创建整体知识脉络要点图表。

第9章

顶叶的记忆关联

如何实现更快速和更长久的记忆

"阿盖尔遇见了三个没有挡泥板的英勇战士，而露西则被他的虱子绊倒了。"什么玩意？我知道这听起来像是科幻小说的一个绝妙开篇：小说的主角是一只菱形花纹短裤，在城镇的烂路段遇到三辆挡泥板被卸掉的汽车。与此同时，袜子的主人—— 一名叫露西（Lucy）的男子，正绊倒在一些很大的虱子上。这个怪异的画面在我的脑海中存留了数十年，但实际上它是我的朋友，医学博士艾伦·理查森（Alan Richardson）为了帮助记住10种必需氨基酸（蛋白质构件）而专门创作的一段表述。而这个奇怪的句子的真正的意思是："阿/盖尔（精氨酸arginine/异亮氨酸isoleucine）遇见了（蛋氨酸methionine）三个（苏氨酸threonine）无防御的（苯丙氨酸phenylalanine）勇士（缬氨酸valine），而露西（亮氨酸leucine）在他的（组氨酸histidine）虱子（赖氨酸lysine）上绊倒了（色氨酸tryptophan）。"

如何通过使用大脑的顶叶的特定区域来增强记忆力？这就是最佳例子之一。顶叶位于头的后部附近，参与管理人类的感觉处理和方向感。它还具有非常强大的关联属性，可以使前述关联性记忆发挥作用。艾伦所做的，就是将自己已经知道的事物（菱形袜子、挡泥板、虱子等）与自己想要学习的新事物联系起来。他在学习信息时将这种关联存储在大脑中，在需要检索相关信息时，这些关联为他提供了一种查找记忆的快捷方式。

能够回忆所学知识的技能，对学生来说具有无限的价值。在本章中，我们将提供几种技巧来帮助你更好地记忆，从而可以更快地学习信息并记住更长的时间。

大脑是如何形成记忆的

形成记忆是一个复杂的过程，需要将人类感官接触到的原始信息（视觉、听觉、嗅觉、触觉和味觉）在大脑中转化为记忆。这个过程涉及下面三个主要步骤。

1. 编码。当你的大脑关注感官的输入信息时，无论是由于体验有关的情感（如初吻）而产生的自动输入，还是因为有意识地专注于某事（如学习）的刻意输入，编码活动都会发生。研究表明，当我们将目标与经历和事件相关联时，我们往往能够更清楚地回忆起它们并且能够记住更长时间。

2. 存储。当你的大脑让你能够检索经过编码的记忆时，存储就会发生。位于颞叶的海马体在存储过程中起着开关作用。与我们想象的恰好相反的是，记忆并不会被整齐地收集在大脑的一个中央存储单元中，以方便我们检索记忆。我们的记忆通常被拆分为小块，存储到大脑的多个不同区域。

3. 回忆。当你的大脑检索经过编码和存储的记忆时，回忆活动就发生了。为了实现回忆的目标，大脑必须主动搜索所有这些散布在不同大脑区域的记忆小块，并将它们整合放回原处。

人类大脑回忆的过程并不像在智能手机上点击"视频播放"按钮那么简单。这个过程更像是一部描述事件重演的电影。这也能够解释，为什么不同的人对同一个事件的记忆会有所不同，并且为什么记忆会随着时间的推移而发生变化。唤醒记忆的行为可以刺激相关神经通路，积极地锻炼大脑的记忆能力，从而增强我们的记忆力。

记忆力与大脑中宝贵的海马体

如果你有一匹价值百万美元的赛马，你会喂它垃圾食品？你会给它喝啤酒或是在食物中放些毒品？你肯定不会！作为一个聪明的人，你永远不会如此对待这么宝贵的赛马。但你知道你的大脑中有一个更有价值的马形结构吗？实际上，你的大脑中有两匹"宝马"。但如果你像大多数人一样，则可能不了解它们及它们的重要性。它们的大小不超过我们的大拇指。它们位于颞叶内，是主管情感的大脑区域的一部分。我们称它们为海马体，因为它们的形状类似于海马这种可爱的海洋生物。

这两个海马体在我们的记忆中起着至关重要的作用。它们可以帮助你记住自己的历史书看到第几页，记住解剖课上所有重要的大脑区域的名称，以及昨晚为今天的测验而学习的内容。你可以通过运用第5章的聪明大脑部分介绍的记忆力因素和优化方法，来帮助保持海马体的健康。

一、三种不同类型的记忆

首先，让我们简要介绍一下三种类型的记忆：即时记忆、短期记忆和长期记忆。

1. 即时记忆。即时记忆对信息的记忆长度不到一秒钟，仅够大脑应用或响应这些记忆。即时记忆让我们只能一次处理一件事情。大部分的即时记忆都会被忘掉，因为大脑不会对它们进行编码。下面是即时记忆在作业中使用的一些示例：

• 在改写论文时，每次抄写几个词都会用到即时记忆。

• 在阅读教科书时，我们不断地使用即时记忆，让大脑有机会处理书面上提供的文字信息。

• 在听课时，即时记忆能够帮助我们记笔记。

改善即时记忆能力的最佳方法，是有意识地注意自己在做什么、读什么或听什么。即时记忆会帮助我们吸收原始的信息，然后由大脑来决定是抛弃这些信息还是将它们转入短期记忆库中。

2. 短期记忆。前额叶皮层控制着短期记忆，使我们可以在短时间内（一分钟或更短）临时存储少量信息。短期记忆力的丧失是阿尔茨海默病或其他形式的痴呆症的主要症状之一。在诊断这种综合征时，我通常会要求患者记住三件事：例如，66年的雪佛兰、一个红球和旧金山的伦巴底街。然后我会在几分钟后要求患者说出这三件事是什么。但患有短期记忆受损的痴呆患者，通常将无法正确回答。

通过专注于需要记忆的信息、了解信息的上下文以及将类似的信息分组记忆，可以增强短期记忆能力。如果你发现自己在几分钟内记忆信息的能力下降，那么可以尝试专注于正在做的事情，一段时间之后你会发现自己短期记忆的能力有所改善。有时候，仅仅是提醒大脑需要记住特定信息，就能够帮助大脑顶叶建立这种记忆关联（对于那些总是说因为脑子不好用，所以记不住东西的学生来说，这很讽刺不是吗）。

短期记忆充当即时记忆和长期记忆之间的过渡。在决定保留输入的信息之后，短期记忆能够为大脑提供足够的时间，将这些信息转化为长期记忆。

3. 长期记忆。长期记忆指的是信息保留的时间超过几分钟，可能会保存数天、数周，甚至数年。大脑可以保留的长期记忆的数量是无限的。长期记忆通常在海马体中进行处理，然后存储到大脑的各个区域——颞叶存储声音信息、枕叶存储视觉信息、顶叶存储感觉信息，等等。我们的大脑无疑已经下意识地找到了许多方法，来组织和检索存储在各个区域的信息。但是，如果我们能够系统地将要记住的信息建立关联，则顶叶可以对这些关联进行分类，使我们能够更容易回忆。

这三种类型的记忆相互依赖地运作。为了形成长期记忆，我们首先需要大量输入即时记忆和短期记忆。

记忆类型	持续时长	涉及的大脑区域
即时记忆	不足1秒钟	视觉皮层（顶叶/枕叶）
短期记忆	不足60秒钟	前额叶皮层
长期记忆	数小时至数年	海马体（大脑的记忆开关）

图9.1　大脑中的不同类型的记忆

二、为什么会记不住

在探讨改善长期记忆能力的具体策略之前，我们需要先探讨导致记不住的四个常见原因。

原因1：缺乏对细节的关注。如果你根本不关注面前呈现的信息，那么这些信息不会进入任何一种记忆系统。在你能够吸收这些信息之前，它们就已经消失了。这就是我们很难记住姓名的原因。因为我们对它们的关注度不够。因此，在记忆重要的信息时，远离任何可能分散注意力的事物。如果你想要记住尤为重要的内容，那么一定要全神贯注，就好像要把这些东西刻进脑子那样——我的意思是，我希望你能够像《星球大战》那样，从脑子里发出激光将这些信息复刻到你的大脑里。

原因2：对试图记忆的信息缺乏理解。如果你不理解需要存储的信息，那么你的大脑也不知道将这些信息存储到什么区域。这就是为什么心不在焉地重复自己不理解的短语，是一种糟糕的学习方法，因此不仅记不住，还浪费了时间。

原因3：缺乏对知识体系的整体理解。如果你无法将需要存储的细节信息放到一个更大框架内理解，那么这些信息就会像秋天离开树枝的落叶一样，散布在大脑的各个区域，无法提取。因此，我们需要首先了解整体的逻辑，这将大大提升信息理解和记忆的效率。

原因4：缺乏记忆的动力。如果你不知道为什么自己需要记住特定的信息，那么你很难竭尽全力去记忆。如果你需要在记住信息之前让自己相信记住它们很重要，那么请立即说服自己，因为学习的时间很宝贵。或许你不喜欢某门课程，觉得它非常无聊，但这是必须完成的专业课，你就需要激励自己去学习这门对你来说至关重要的课程。只要想一想付出努力后可以收获的成果，你就会意识到这是需要努力完成的任务。

要扭转前面四个原因带来的负面影响，你可以通过下面四个策略来改善长期记忆的能力：

- 注意并专注于需要记忆的信息；
- 意识到理解是记忆的前提；
- 牢记为整体框架添加细节信息比反过来要高效得多；
- 让自己相信记住特定信息非常重要。

三、打造强悍记忆力的六个工具

许多教育工作者说，记忆辅助工具在教育中没有存在的必要，因为只要理解了所学的信息和内容，你就能够记住它们。大错特错！在帮助记忆概念及其支撑事实方面，记忆力工具能够发挥巨大作用。它们不仅能够帮助你节约时间，还能够大大延长记忆的时间。

下面，我为大家推荐六个记忆工具或助记符，以提高存储和保留信息的能力。这些工具在我上学时提供了巨大帮助，同样也为我的许多患者、克洛伊和阿丽兹提供帮助，因此我相信它们同样适用于你们。所有这些工具都要求我们在已经存储的信息与需要记忆的信息之间建立关联。这些方法将帮助你成为一个积极主动的学习者，只要你能够在学习过程中运用这些技巧，你实现长期记忆的概率就会更大。

（一）记忆力辅助工具1：如何记住日期和数字

所有可以帮助记忆的工具中，历史最悠久的可以追溯到一个多世纪之前。阿方斯·罗塞特（Alphonse Loisette）教授在1896年出版的《同化记忆或如何记住之后永不忘记》（*Assimilative Memory or, How to Attend and Never Forget*）一书中对这个工具进行了介绍。这个工具提供了一个简单的代码，可以将数字转化为特定字母。通过使用与数字相对应的字母所组成的单词或句子，使用者可以轻松记住任何系列的数字。下面是使用这个工具的一个示例。

数字	辅音	转化原理
1	t, d	t 看起来像1，d 看起来像是 0 + 1 = 1
2	N	n 有两条向下的竖线
3	M	m 有三条向下的竖线

4	R	r 是英文数字4（four）的第4个字母
5	L	大写的L在罗马数字序列中代表50
6	g, J	g看起来像是倒过来的6，而大写的字母J看起来像是反过来的 6
7	轻读c	轻读的c听起来像是数字7的发音
8	F	数字8和草写的f都有上下两个圈
9	p, b	反过来的字母p或倒置的字母b 看起来像数字 9
0	z, s	z 是数字0的英文单词zero的开头字母；s看起来像反过来的字母z

在这个记忆系统中，所有其他辅音和元音都不具备数字价值。因此你可以在短短10分钟，或更短时间内掌握这套代码，而我敢保证，这绝对是你人生中最物超所值的六百秒之一！掌握这套系统之后，你可以将任何数字翻译成一个单词或单词序列，这些单词或单词序列很容易能够建立大脑的记忆关联。下面是这套代码运用的一些例子：

• 如果你需要记住的知识点是：金会在华氏1943度下融化，那么你可以用一个句子"这个金块确实融化了（This bullion really melts.）"来帮助记忆，因为这个句子四个单词的首字母分别是 t、b、r、m，而根据前面的系统，t = 1，b = 9，r = 4，m =3（合起来就是1943）。

• 如果你需要记住的是：南极洲有史以来最冷的温度是−89摄氏度。那么可以尝试记忆"冷飕飕的屁股"（freezing butt）这两个英文单词的首字母即可，因为f = 8，b = 9（合起来就是89）。

你可以将一个短语的每个单词的首字母，作为提示记忆的关键字母；也可以选择将一个单词里的某些辅音字母，作为关键字母。这个技巧可以用来帮助你记住任何日期、时间或其他数字。

（二）记忆力辅助工具2：利用押韵进行记忆

押韵是用来记忆规则或顺序的最流行的工具。例如，你可以想一想自己儿童时期学过的很多常见韵律，例如：

- 除C之后，I在E之前。
- 春前秋后。
- 1492年，哥伦布航行在蓝色的海洋上。

押韵可以将原先看似完全不相关的事物，以朗朗上口的方式联系起来。押韵这个记忆方法特别适合用来记忆顺序，因为在回忆时如果顺序出错，那么整个韵律都会被破坏掉。

还有另一种押韵方式可以用来记忆一系列的事实，但你先需要记住下面这些简单的押韵。

- 1是小圆面包（bun）
- 2是鞋子（shoe）
- 3是一棵树（tree）
- 4是一扇门（door）
- 5是一个蜂箱（hive）
- 6是棍棒（sticks）
- 7是天堂（heaven）
- 8是大门（gate）
- 9是一条线（line）

> ### 来自克洛伊和阿丽兹的实用建议
>
> 如果你总是记不住重要的日期，可以在手机的日历中设置节假日、生日或重要约会的待办事项。这些设置到时会自动提醒你。

• 10是一只母鸡（hen）

现在，请你选择自己需要严格按照顺序记忆的10个事实，并在脑海里想象每个事实与其对应的数字意象之间的关联。你只需要短短几分钟，就能够记住所有这些事实的顺序。也可以尝试用这个方法来记忆那些没有关联的事实，看看这个方法是否对你有用。假设你必须按照先后顺序记住英格兰国王亨利八世的6个妻子，那么你可以按照下面的方法尝试记忆：

1. 阿拉贡的凯瑟琳（Catherine of Aragon）：她吃了一个面包（bun=1），现在已经不见了（gone）。（与阿拉贡这个单词的后半部分押韵）

2. 安妮·伯林（Anne Boleyn）：她穿着鲍林的鞋子（shoe=2）。（鲍林听起来像伯林）

3. 简·西摩（Jane Seymour）：她爬了一棵树（tree=3），所以可以看到更多。[看到更多（see more）=西摩）]

4. 克里夫斯的安妮（Anne of Cleves）：她从门（door=4）离开。[离开（leaves）听起来像"克里夫斯"]

5. 凯瑟琳·霍华德（Catherine Howard）：她的姓开头首字母与蜂巢（hive=5）相同。

6. 凯瑟琳·帕尔（Catherine Paar）：她用高尔夫球杆（sticks=6）打出标准杆。[标准杆（par）听起来像"帕尔"）]

（三）记忆力辅助工具3：利用地点记忆特定事物

据说希腊诗人西蒙尼德斯（Simonides）有一次特别幸运地，在屋顶倒塌之前离开了宴会。这次坍塌导致所有屋内的人死亡，并且他们的尸体根本无法辨认。但西蒙尼德斯能够通过记住这些人在餐桌上的位置，帮助识别出他们的身份。

"位置记忆法"的实际运用要求将关联的对象放置在某个特定位置。然后，通过回忆该特定位置，你就能够想起与之关联的特定对象或事实。例如，在背诵一篇逻辑严谨、大纲清晰的演讲词时，可以挑出主要的观点或主要的细分观点，并将它们与家里的不同空间或房间关联起来。在演讲时，可以在脑海中想象自己从一个房间走到另一个房间，以唤起与这些空间关联的内容和信息，并以正确的顺序呈现。下面，我们以一篇介绍大脑五个区域的演讲为例。

大脑区域	房间	关联
前额叶皮层	前厅	从大脑的前厅（前额叶皮层）开始进入房间。
颞叶	客厅	颞叶涉及听觉信息的处理，而我们通常会在客厅听音乐。
顶叶	厨房	顶叶参与感官信息的处理，就像在厨房我们通常会运用味觉和嗅觉。
枕叶	家庭活动室	枕叶涉及视觉信息的处理，而我们通常在家庭活动室看电视。
小脑	后院	小脑涉及动作的协调和控制，就像我们经常在后院玩接球游戏。

在运用这个记忆方法时，你的联想能力仅受限于你可以想象的不同位置的数量。

（四）记忆力辅助工具4：利用首字母缩写或缩略词记忆

使用首字母缩写词 [由单词的首字母组成的单词，如NASA（美国国家航空航天局）] 会很有帮助。同样，因为首字母缩写词记忆法使用了单词的首字母，但它们并不一定可以形成能够发音的单词（如本章开头的古怪句子）。当我要记住一系列事实时，我做的第一件事就是检查它们的第一个字母，看看是否可以将它们组合成一个联想词或短语。通常，首字母组成的单词或短语含义越丰富，我们轻松记住相关内容的机会就越大。下面是首字母缩略词的运用范例：

"在老奥林匹斯山高耸的山顶上，芬兰人和德国人看了霍普舞。"（On old Olympus's towering top, a Finn and German viewed a hop.）但实际上，这个句子里的每个单词的第一个字母，都按其正确的顺序，对应了12个颅神经的第一个字母，它们是：嗅觉神经（olfactory）、视神经（optic）、动眼神经（oculomotor）、滑车神经（trochlear）、三叉神经（trigeminal）、外展神经（abducens）、面部神经（facial）、听觉神经（acoustic）、舌咽神经（glossopharyngeal）、迷走神经（vagus）、附属神经（accessory）和舌下神经（hypoglossal）。

下面我们来做个突击小测试！不知道大家是否还记得我在本章开头使用的那个缩略语？如果你记不住，可以翻到开头看一看，领略一下这个缩略语的绝妙设计！

在我的学术生涯和职业生涯中，我已经汇编了1,000多个类似的句子。即便我现在不能完全记起这些句子，但在我考试或需要记住它们的时候，我的脑子一定能够想得起来。请大家一定要尝试使用这个记忆方法，你会收获无穷的好处！

（五）记忆力辅助工具5：通过形成画面感来增强记忆

你是否知道，大脑中有约30%的神经元专门用于处理视觉信息，只有8%的神经元用于处理触觉信息，而只有3%的神经元专门用于处理听觉信息。因为大脑更擅长处理视觉信息，因此创建画面来帮助记忆信息可能会更有效。通过创建包含核心人物和辅助细节的整体画面，也符合本书所提倡的记忆方法。在大脑中创建这些图像时，需要牢记下面三件事：

• 画面中要包含动作。因为大脑会像电影而不是像静止的照片那样思考，因此画面中的动作越多，你可以在场景中设置的细节也就越多。

• 尽可能确保画面的怪异或独特性。当你回想起画面中这些古怪或独特的事物时，你能够更容易记起相关细节信息。

• 确保画面场景的整体主题能够与你需要记住的概念或细节相关。这种关联性能够让你更容易回忆起相关的信息或知识。请参考下面这个示例。

我曾经创造过的最好的一个助记符图像，是为了记住衣原体的感染性生物。它至少会引发五种疾病：象皮病（腿部严重肿胀）、性淋巴肉芽肿性病（性病）、肺炎、肛门异常和被称为"鹦鹉热"的疾病。在我创建帮助记忆的图像中，场景的背景区域是大蛤（衣原体）所在的海底。在蛤的顶部站着一只大象（大象病），我的一个熟人艾尔维（发音为LV，意为性病），坐在大象的背上，正在咳嗽（肺炎）。艾尔维（Elvie）现在因为髋部过度运动而享有盛名，这就能与肛门异常联系起来。最后，坐在她肩膀上的是一只健谈的鹦鹉（鹦鹉热），她准备告诉艾尔维医学有关衣原体的任何新发现。这里预留的空间，为必要时拓展图片的信息提供了机会。很多年过去了，我依然清晰记得这个画面中所有关联的细节信息，并发现这个记忆方法为我的细节记忆提供了巨大的帮助。

（六）记忆力辅助工具6：建立记忆关联

最后一个帮助记忆的方法，是为那些需要一起存储的信息建立记忆关联。可以通过采用前面五种记忆方法的任何一种来实现，也可以采用数字和字母集合的形式。唤醒这类组合记忆的唯一要求，就是记起组合所涉及的信息的数量，例如但丁的《地狱》中描写了9个地狱，我现在只想起来6个，还要想起剩下的3个。将多种不同但相似的信息形成按照字母排序的长列表进行记忆时，这种记忆方法尤为有效。例如，假设你的科学老师要求你记住10种基本类型的云：

低层云

• 积云

• 积雨云

• 层积云

• 层云

中层云

- 高积云

- 高层云

- 雨云层

高层云

- 卷云

- 卷积云

- 卷层云

这看起来像是一个很随机的列表，但如果你记得其中5个以C开头、2个以A开头、2个以S开头以及1个以N开头，那么回忆起这些罗列的信息可能会变得更简单。这是个很简单的记忆方法，如果你可以找到罗列信息之间的相似之处，那么背诵的工作会变得更加轻松。如果需要记住的组合信息太多，那这个方法可能会造成混淆，不过如果你可以结合前面提供的五种记忆方法，就会降低混淆的概率。

在接触到新信息的第一时间，开始尝试运用这些记忆方法很有帮助，因为你将有更多时间来建立信息之间的关联。找到这些关联一开始或许不太容易，但一般来说这六种记忆方法中，总会有一种可以适用于你需要记住的信息。因此，要确保自己熟练掌握这六种方法，并保持灵活性，确保能够使用最适合自己的方法。

记忆方法的好处在于，它们能够将无关且冗长的信息转化为简单而相关的列表。因此，建议大家多多训练这些记忆技巧的使用。如果你愿意花时间在前期训练进行记忆的技巧，那么就能够避免后续机械而无聊的简单重复记忆。但如果你没有足够的时间来寻找关联并创建适合的记忆方法，那么你可能需要反复重复这些信息，直到记住为止。至少在这个单调重复的过程中，你的大脑对材料的活跃度会增加，而大脑的活跃度是掌握和学会的前提。

最后，本章的内容可以概括为4个有效记忆的规则：

• 专注于正在学习的内容。

• 内化所学的材料，确保能够按照逻辑顺序将它们放在一起并确保自己理解整体的框架和思路。

• 在需要学习的材料和已经掌握的知识之间建立关系——创建记忆关联是成功记住的关键。

• 意识到对材料进行的任何记忆加工（无论是形成画面、押韵或首字母缩略词）都可以增加信息处理的深度，并能够自动帮助大脑建立记忆关联，以提高整体的记忆效果。

硬核大脑：如何建立顶叶区域的记忆关联

• 记忆关联是形成长期记忆的关键。

• 即时记忆能够帮助我们初步吸收信息，通过专注于吸收到的信息，即时记忆可以被转化为长期记忆进行存储。

• 短期记忆是信息的临时存储，可以通过专注于信息、将信息分组和理解信息强化短期记忆。

- 长期记忆就是对信息的长时间存储，需要依赖即时记忆和短期记忆来实现。

- 如果一开始就缺乏专注、理解、上下文或学习动机，那么就很难形成长久的记忆。

- 本章提供的记忆方法能够改善大脑的记忆力，因此需要尽可能掌握并充分利用这些方法。

- 如果你的关联能力不强，那么机械的重复也是有用的记忆方法。

第10章

三个臭皮匠，赛过诸葛亮

如何寻找一个合适的学习搭档

你或许听说过"三个臭皮匠，赛过诸葛亮"这个谚语，而我觉得，两个臭皮匠好过没脑子。因为当你在学习过程中感到困惑、困难或无聊的时候，你实际上没有用脑子在学习，更别想学会、吸收或者记住这些内容了。但如果你能够跟搭档一起学习，这些问题大部分都能够解决掉，并让你取得更显著的学业进步。因此，在本章中，你将了解到寻求适合的学习搭档的原因和必要性，以及选择最佳学习搭档的方法和组团学习的最有效策略，其中就包括为什么学习小组的人数最好控制在2-3人。

跟小伙伴一起学习的好处很多，例如可以增进你对所学内容的理解、取得更好的成绩，以及建立牢固而持久的友谊（不一定会严格按照这个顺序出现）。跟他人一起学习，还能够打破严格的个人学习带来的单调和乏味。简言之，有人陪伴的学习通常会更有趣，而这种趣味性可以继而促使你学习更长时间。

我们使用这四个循环的理念，通过采取平衡、全面的方法来优化大脑的健康。而拥有一个好的学习伙伴，能够帮助你融入社会，应对学习的压力和其他生活的挑战。拥有这种类型的社会支持，可以在许多方面强化我们的大脑。

跟着搭档一起学习还能够帮助弄清自己的薄弱环节。通过共享笔记，学习小组的成员能够查漏补缺，完善笔记中的空白点，并更好地

融入社会：保持大脑和生命健康的四大循环之一

我在上医学院的时候，院长西德·加列特博士（Sid Garret）曾就如何帮助全年龄段的人解决任何问题做过一次演讲。从那之后，他的观点一直令我感到困扰。加列特博士告诉我们，"一定要将患者当成是一个整体，而不要只关注他们的症状"。他认为，在治疗患者时，我们总是要考虑到健康和生命的下面四个循环：

- **生理循环**：身体的运作技能（即身体和聪明大脑的所有因素）。
- **心理循环**：心智发展的问题以及患者想法（思维）。
- **社交循环**：社会支持和当前的生活状况（关联）。
- **精神循环**：生存的意义和使命感（精神寄托）。

了解课堂上强调的内容。当两个人都能够从信息分享中受益，并可以共享信息以查找遗漏的细节时，发现彼此的学习问题就变得更容易了。如果一起学习还是无法理解所学的内容，你们可能需要寻求教师的帮助。

无论你的学习搭档是活泼而幽默的，还是平易近人的，他们都可以轻松地在你想要开小差或放弃的时候将你拉回正轨。保持彼此对学习的积极性，是组团学习的主要好处之一。此外，与他人交流并跳出自己的思维定式，也能够让你在漫长的学习过程中保持清醒和兴奋。

需要找个搭档一起学习的最后一个理由是，你有机会通过观察搭档的学习方法，将全新和不同的学习方法纳入自己的学习技能库，并最终提高你的整体学习技能。

根据与小伙伴一起学习的经验，我在下面情况中受益最大：

> **来自克洛伊和阿丽兹的实用建议**
>
> 小组学习的一个最大好处是可以将学习任务拆分给不同的成员，这样你可能只需要花费一半的时间在网上检索就可以获得100%的所需信息。

• 他们会告诉我他们认为所学内容的主题是什么。

• 他们告诉我他们认为可能会出哪些测试题。

• 将自己的想法和理解与他们的想法和理解进行对比。我可能会遗漏一些重要的知识点（我的搭档也同样），但通过比较我们各自的知识和理解，我们能够通过查漏补缺完善各自的整体理解。

• 我能够在考试前听到搭档重复所学的信息并确保自己的问题得到解答。这些对信息的查看和聆听能够显著地提升记忆力。

一、如何选择合适的学习搭档

鉴于我们已经了解了组团学习的好处，那么我们如何寻找最佳的学习搭档呢？我们一定要谨慎仔细地挑选，因为一个好的学习搭档能够让你事半功倍，而一个糟糕的学习搭档可能会严重拖累你的学习进度和成绩！在挑选优秀的学习伙伴时应该遵循下面的原则。

原则1：寻求平等和互补。找个好的学习搭档的重要性不亚于找对象。因为你们需要花大量的时间一起相处，因此确保这段相处的时间愉快而富有成效非常重要。确保你想要选择的人，跟你有着相同或相似的学习习惯。如果你喜欢在早上6点开始学习，以便在上课前能够挤出点时间去健身房，但你的搭档喜欢在夜间聚会回家后半夜学习，那么你们可能就不太适合一起学习。此外，你还需要找到一个具有同等智力、理解速度和组织风格的人。否则，水平较高的那个人可能会成为另外一个人的导师，这肯定不是组队学习的目标（我们在后文中会详述相互指导的价值。）

原则2：在正式确定人选之前，可以多尝试几个人。在学期的前半部分，可以尝试跟几个不同的人一起学习一段时间，然后再确定最终人选。这个人应该在智力、学习方法和学习动机方面都能够与你匹配。不要在一开始就着急建立长期而稳定的学习

来自克洛伊和阿丽兹的实用建议

可以把选择学习搭档的过程看作是在手机程序上选择约会对象的过程。在这些约会软件中，你可以通过左右滑动来选择或拒绝潜在的对象。因此，你也可以在学期开始之后尽可能多考察几个潜在的学习搭档，并最终选择最适合自己的那个。

搭档关系。找到一个合适的人肯定需要花费较长时间，因此要仔细考察所选的对象。

原则3：尽量找与自己同专业或者兴趣相投的人。确保自己找到的人是自己愿意共事的人，尤其是最好找那些跟你所学的领域或专业方向一致的人。这样一来，你们就能够一起学习更多课程。

原则4：可靠性至关重要。确保学习的搭档在合作学习时的勤奋可靠非常重要。如果他们习惯性地没能为一起学习的时间做好准备，或者已经连续三次没有任何准备就参加小组学习，那么你就应该果断寻找新的学习搭档了。

原则5：最好是两人一组。学习小组最好两个人组成，并且绝对不可以超过三个人。人数较多的团体更适合用于聚会或集体祷告，不适合用于学习。你很快会发现，哪怕只有三个人，整个小组的学习进度和效果也很难协调。

原则6：不要选择自己心仪的对象作为学习搭档。我在原则1里说过，选择学习搭档就像选择对象，但与对象约会并不是成立学习小组的目标。如果你发

> ## 来自克洛伊和阿丽兹的实用建议
>
> 如果你找到了一个很好的学习搭档，并且很乐意一起学习，但却因为档期原因不能经常一起学习，那么可以利用FaceTime、Skype、Google Hangouts或任何其他在线视频会议应用程序和网站进行在线学习。毕竟，在线学习总好过不学习！

现自己对学习伙伴产生了心动的感觉，那么你的大脑会释放出化学物质和荷尔蒙，这些物质和荷尔蒙会分散你对学习的兴趣，使你难以专注于需要学习的内容。因此，在选择学习搭档时，要选择一个你喜欢但却不会爱上的人！

二、与搭档一起学习的方法

想要充分利用与小伙伴一起学习的时间，你需要遵循以下准则。

准则1：做好充分的学习准备。学习小组的每个成员，在组团学习之前，都应该准备一套重新抄录的笔记，并且事先自行阅读。在提前阅读自己的笔记和分配阅读材料时，请留意自己是否遗漏了任何信息、不了解的概念或自己认为重要的想法。在进行小组学习时，应做好分享、指导和答疑解惑的准备。只有这样，在小组学习结束时，你才会收获信息、强化知识的理解和掌握。

准则2：相互指教。一般来说，只有在充分掌握知识的前提下，我们才可能教授他人。如果小组的成员在参加学习之前，都能够做好指导他人的准备，那么在学习结束时，所有人对知识和内容的理解都能够得到强化。

准则3：限定小组学习的时长。除了小组学习，你可能还有别的事务需要处理，因此要为每次小组学习设定开始和结束的时间。在每次小组学习的过程中，也要充分休息，以保证头脑的清醒。但要记住，在小组学习时尽量减少冗长的闲聊。一般来说，在集体学习50分钟之后，休息10分钟是不错的做法。因为想要取得优异的成绩和显著的学习效果，应该确保每小时的学习时间不少于50分钟。

准则4：轮流探讨。在你们讨论完本次小组学习的目标，并且完成了一整套的笔记和问题记录之后，你们只需要有条不紊地轮流将这些问题念出来、进行复习，或就对方准备的材料提问即可。要记得预留时间来讨论存在不同理解的知识点。如果出现了存疑的地方，请尝试尽快解决。如果无法迅速提供答案，把问题记下来留着提问教师，并迅速进入下一环节的内容学习。先迅速地把所有需要学习的内容过一遍，然后再决定哪些地方需要继续探讨。在针对所学的内容进行讨论时，确保与学习搭档交替进行，并确保每个人至少阅读需要学习的材料两遍以上。在第一遍的学习中，你需要阐述材料并提出问题。在第二遍的学习中，你需要聆听学习搭档的阐述并回答他/她的问题。

准则5：自创测试题。在学习的过程中可以尝试设置测试问题，尝试预判考试会涉及哪些内容。这个方法不仅适合独自学习的情况，更可以强化小组学习的效果。在学习的过程中，也可以写下自己无法解答的问题，并在小组学习结束后进行"解答竞赛"，看看谁能首先找到答案。此外，在进行小组学习时，还可以尝试创造能够建立顶叶关联的画面。正如我们在前面的第9章中所描述的那样，顶叶关联的画面往往是怪异的、夸张的想象画面，能够帮助强化记忆。而小组成员的贡献则能够大大提升这些画面的质量和效果。

准则6：尽量减少干扰。所有能够确保良好学习效果的策略和方法，同样适用于小组学习，比如尽量减少干扰。因此，最好不要在电视机前或音乐嘈杂的房间里开展小组学习。

准则7：回顾和复习。在完成材料的学习、澄清疑惑和记录需要向教师寻求解答的问题之后，记得重复所学材料的要点，并回顾学习的内容。可以请你的搭档制作一张知识要点清单（要记得人手一份），列出所学材料的主要观点和事实，并快速进行回顾和复习。

准则8：建立亲密的私交关系也无妨。我在本章开篇部分已经强调，与搭档一起学习的一个好处，是可以建立长期而坚实的伙伴关系。我还记得自己与一些真正了不起的人一起学习的无数个小时。我们建立起的伙伴关系和默契让这些时光成为了我最宝贵的记忆。要记住，人类是社会性动物。如果我们能够在强化学习技能的同时收获积极的、有益的人际关系，那么我们实际上收获了让自己变得更强大的工具。

准则9：如果确实合不来，务必尽快好聚好散。如果学习搭档的声音让你坐立难安，如果你非常讨厌他们在椅子上晃来晃去的行为，或者不管他们做什么都令你烦躁不安，那么你的学习效果可能会非常糟糕。如果学习小组的效果比预想的糟糕，并且你觉得没有办法改善，那么就应该尽早结束合作伙伴的关系，并尽快寻找更适合的学习搭档。

硬核大脑：三个臭皮匠，赛过诸葛亮

• 与他人一起学习的理由包括：增进理解、答疑解惑、比较笔记、强化对重点内容的理解和记忆，以及学习对方的良好学习方法。

• 在选择学习搭档时，平等和包容性是两个主要的标准。

• 理想情况下，一次与一个学习搭档一起学习的效果最好；切记，学习搭档的人数不要超过两个。

• 在一起学习时，要提前为小组学习做好准备。限制小组学习的时长并严格遵守规定。可以自创测试问题，制定复习的要点清单并先迅速查阅材料的要点，然后再学习细节。

• 建立牢固而持久的人际关系，是跟搭档一起学习的附加好处。

第11章

利用知识之源

如何与教师良好沟通

在我21年的学习生涯中，我有幸遇到了许多杰出的老师。其中一位就是我的病理学教授，他亲身展示了启发式教学的精髓。他以富有条理、简洁有趣的方式进行教学，其幽默的教学风格，使他的课堂教学既有针对性和实用性，又充满了趣味性。

他独特的教学风格使得艰深的专业知识的学习变得轻松又愉快。他还鼓励学生与他建立密切的师生关系。我曾记得自己跟其他三个同学挤在他的汽车后座，一起前往俄克拉荷马州亨利爱塔镇的一家殡仪馆，去进行了我们人生的第一次尸检。他是一名知识渊博的病理学专家，与他的密切沟通，让我们学到了很多课本之外的知识。我们有机会观察一位出色的病理学家，在解决医疗问题方面的思路。而亲身观摩这个做法，具有巨大的学术价值。你或许可以从任何一本高质量的教材中获取许多知识点，但只有通过直接观察，才能够知道这些知识在实践中的运用。与授课教师建立良好而牢固的师生关系，让你有机会学到课本外许多有益的知识。

正如你在本书前面章节中看到的那样，你的老师可以成为重要的知识来源。因为它的重要性，我认为需要专门用一章来详细介绍。希望你们在看完本章内容之后，知道如何充分利用师生关系来推动学业进步。

一、如何在课程开始前与教师互动

在课程开始之前与教师互动可能会大有益处，主要原因包括：

1. 课程开始前的互动，能够帮助你与教师建立融洽的关系。等到真正开始上课时，对于授课教师来说，你就不再是班级花名册上一个冷冰冰的名字了。这也是与教师建立密切师生关系的第一步。哪怕班上的学生人数超过100个，这种做法也很有价值。因为只要你敢与教师进行第一次沟通，你就能够更轻松地进行后续无数次沟通和接触。不要犹豫不决或害怕跟教师接触，要记住，他们的作用就是为了让你实现学业和人生的目标，不管你是想要成为最优秀的医生、律师、谈判专家、企业家、生物工程师、计算机科学家、儿童心理学家，还是创意作家。让教师能够认识你是建立有价值的师生关系的第一步。

2. 在开始上课之前，你可能有关于课程的许多疑问，例如这门课程是关于什么知识的？我是否做好学习课程必需的前期准备？授课教师认为这门课程需要多少学习时间？除了教材之外，还有什么有价值的资源？在上课之前请教师解答这些问题，能够让你的课前准备工作更加充分而高效。

3. 开始上课前，也是向教师咨询如何学好这门课程的最佳时机。作为这门课程的专家，他们能够为你提供掌握和消化所学内容的最佳方法。毕竟《韦伯斯特大学词典》中"教"一词的一种定义就是"指导学习"。因此，可以请教师们履行学习指导的工作，并向学生们展示本门课程的学习方法。

了解授课教师的大脑类型

除了了解自己的大脑类型之外，了解自己生命中重要人物的大脑类型也很有必要，其中包括你的老师。了解他们的大脑类型，可以更好地与他们互动和寻求帮助。根据我们对大脑成像研究，我们确定了五种主要的大脑类型：

• **大脑类型1：平衡型**——拥有平衡型大脑的教师，往往更灵活且易于接近。

• **大脑类型2：冲动型**——拥有冲动型大脑的教师，可能会更幽默并欣赏创造力。在他们的课堂上充分展示自我的个性，尝试在作业中"别具一格"可以吸引这种类型的教师。

• **大脑类型3：执着型**——拥有这种大脑类型的教师，通常是"要么听我的，要么滚蛋"的类型。因此，不要试图与他们争论，并且一定要遵守他们的指导方针，确保自己在课堂上表现最好。

• **大脑类型4：敏感型**——拥有敏感型大脑的教师，倾向于消极看待事物。能够鼓励他们看到事物乐观的一面或许会帮助你与他们建立更密切的人际关系。

• **大脑类型5：谨慎型**——拥有这种脑型的老师更容易感到焦虑。想要与他们互动并建立积极的关系，就不能加剧他们的焦虑。

4. 对于大学生来说，如果发现自己没有做好充分的准备去上这门课，或发现课程不符合自己的预期，或出于任何其他原因不想上这门课，那么在开课之前与授课教师联系，可以让你尽早退出课程。虽然这听起来不是什么好建议，但在开课前退课，总比上了三个星期之后发现不合适再退课要好得多。因为那时候想要退课已经晚了，而且想要找到一门替代课程也很难。即使你能够解决这两个问题，找到一门新的课程来学习，你的学习进度也落后了三周。因此，最好在课前与授课教师沟通，尽快确定即将开始的课程是否符合自己的预期或自己能否应付得来。

二、如何在课程进展过程中建立良好的师生关系

在课程进展过程中，培养良好的师生关系涉及五个主要方面：如何接触、如何提问、如何做笔记、如何测试以及增强师生关系的方法。

1. 学会与任课教师接触。首先要记住，你有权要求任课教师给予特定的帮助。你也有权期待教师的课堂组织得当、生动有趣并且具有一定的实用价值。你可以合理地认为，帮助学生掌握学习课程内容的方法，也是教师工作的一部分。你也可以合理地期待，自己能够在课堂、实验和期末考试评分中得到公平和有尊严的对待。

在接触任课教师时，要秉持谦虚和虚心受教的态度。傲慢行事或给人一种你已经掌握了所有知识的印象，只会适得其反。但多数教师

之所以选择这个职业，是因为他们认为自己有东西可以教给学生。如果你带着先入为主的意见，或为了取得一个好成绩的目的去接近任课教师，那么迟早会被他们察觉，并惹上麻烦。但如果你能够抱着尊敬教师、热爱学科的态度去跟教师们打交道，那么你就能够建立良好的师生关系，并从中受益。

如果你们对任课教师存在误解或不满，可以组织一群学生与教师面谈，解决这些不满或误解的问题。在我进入医学院学习的第一天，我的解剖学教授随机指定我来担任学生申诉委员会的主席。他认为学生需要一个可以代表他们表达与课堂和学习相关的任何问题的组织。随着申诉委员会的发展，它逐渐承担起下面三个主要的任务。

• 给教师提供关于课堂教学效果的优点和缺点方面的建议（缺点方面的建议主要以改进建议为主，而非抱怨或批判），包括学生是否理解课堂教授的内容等非常有价值的建议。

• 委员会可以在考试后行使职能，质疑某些考试题及其答案的有效性。这一工作非常有成效，因为委员会能够让教师修改答案或删除考题，并曾多次使班级平均成绩提高10%。

• 委员会曾与不同的任课教师面对面讨论课程的整体效果。委员会的工作效率很高，有助于发展和维护师生之间的良性沟通。

如果你有任何疑问，在试探教师的意见和建议之前，要自己努力尝试理解相关的内容和概念。我在管理学生委员会时，如果学生们有问题，我们首先会尝试自己解决。如果还是无法理解，再去咨询老师，寻求解答。因此，如果你指望教师手把手地灌输所有的知识和内容，而自己不用付出一点努力，那么你很有可能成为教师最讨厌的那种学生。

2. 提问和对话是不可或缺的学习过程。我们需要不断培养提问和沟通的技巧。如上所述，与教师的沟通和交流是至关重要的学习方法。此外，在学习课程内容的过程中，自己先对尚未充分理解的知识进行研究，有助于后续开展有意义的师生对话。

在开始上课后，你需要提出的第一个问题是："我为什么要学习这门课程？它对于实现我的学习目标有何好处？"任课教师可能有着多年丰富的学科和教学经验，他们肯定能够帮助你回答这个问题。此外，如果你没能在开课之前与教师进行沟通，那么这也是提出关于如何学习这门课程等问题的最佳时机。而且，如果你需要确保这门课程的最终成绩达到某个等级，也应该在此时咨询教师如何拿到相应的分数。因为你掌握的信息越多，成功实现目标的希望就越大。

在与教师沟通之前，你对相关问题的研究和思考越深入和充分，教师们就越能够帮助你更快更好地吸收相应的课程内容。可以充分利用上课前后的时间以及教师的答疑时间。那些说自己永远也学不会如何与教师沟通的学生，通常是因为不够努力或准备不足。要记住，任课教师是你掌握学科知识的最佳资源，因此一定要抓住机会向他们提出问题。

如果你们班上也有一个学生申诉委员会，就好好地利用它。如果没有这样一个委员会，你同样也可以带着问题和反馈去跟任课教师沟通。不管通过什么渠道，如果你对自己参加的考试有疑问，可以在考

完（并充分研究和思考）后，对
任课教师确定的正确答案提出
质疑。

3. 如前所述，尝试在上课
前拿到教师讲义的复印件。讲义
的复印件能够提供重要的内容
和有价值的信息，并让你可以不
用在课堂上记笔记到手抽筋。而
且，教师讲义能够确保你拥有完
整的笔记，也可以帮助你课后整
理自己的课堂笔记。不要忽视这
个宝贵的信息资源。哪怕教师不
愿意让你复印教师讲义，你也可

**来自克洛伊和阿丽兹的
实用建议**

确保拿到任课教师的
邮箱，方便课后给他们发
送邮件进行提问或探讨。

但也不要滥用电子
邮件！最好将所有的问题
整理后在一封邮件内发
送，不要每次发送一个问
题，用提问的邮件把任课
教师的邮箱塞满。

以在沟通时，通过向教师展示你对学习的兴趣，以及希望在课堂上好
好表现的决心留下一个良好的印象。

4. 在考试前，尝试尽可能了解更多考试相关的信息。大多数教师
会很乐意告诉学生自己对考试的期望，并为学生提供很多关于如何准
备考试的有用提示。因此，请尝试向任课教师了解关于考试内容的尽
可能多的信息。

5. 要记住，老师也是人。在整个学期的学习过程中，另一个值得
努力的目标就是，增进与所有任课教师的关系。人是社会性动物，需
要进行人际互动，建立人际关系。花时间了解自己的任课教师，了解

他们的背景、专业和个人目标。我们不仅能够从教师的课堂教学中学到知识，也能够从他们的人生阅历中学到东西。如果你想要往教师专长的领域发展，这一点尤为重要。与教师建立的良好师生关系，能够让你学到更多东西。多年以后，你或许早已忘记老师们在课堂上教授的80%的细节，但你们之间的师生关系一定会长久存续！

将来你可能会需要任课教师给你写推荐信，这时候良好的师生关系尤为重要。当然，这不是我们与教师建立持久关系的最重要原因。在需要请教师写推荐信的时候，请熟悉你、了解你的老师来写，效果会好得多！

三、课程的结束
不等于师生关系和互动的结束

在课程快要结束或已经结束时，你将承担下面三项主要责任：

1. 你有责任诚实地评价课程，为以后可能选修同样课程的学生提供经验和建议。此外，这也给教师们提供了改进课堂效果的宝贵反馈。我个人的经验是，教师们对学生提出的改进建议非常感兴趣。但学生们给教师的评价通常会太友善，因为他们不想伤害教师的感情或不想因此被教师打低分。这样的建议没有任何用处。那些虚伪夸大课堂教学效果的建议，反而是有害的。如果真实的评价会影响到最终成绩，或未来的推荐，那么可以采用匿名评价的方式，或等到成绩公布后再提交评价和反馈。这也是你给任课教师打分的方式，看看这是什么感觉！

2. 你有责任为自己获得推荐信，以备将来使用。最好在课程一结束就请任课教师为你写此类推荐信，因为他们了解你的具体情况和学习表现，能够写出更真实而具体的推荐信。获得推荐信的第一步，是咨询心仪的任课教师（越多越好）的意愿，询问他们是否愿意给你写一封积极的推荐信。如果有人不太愿

> **来自克洛伊和阿丽兹的实用建议**
>
> 如果你想给自己的教师进行评分或了解教授或班级的情况，可以登录www. ratemyprofessors. com.所有内容都是匿名提交。

意，也不必强求——因为不是自愿情况下写的推荐信，质量也不会很好。如果教师们同意给你写推荐信，那么请他们写完之后给你发送一个副本，你可以阅读内容之后，决定推荐信是否可用。通过这样的方法，你可以确保推荐信更有实用意义。这肯定比一封来自已经两年没有联系的任课教师的推荐信要好得多。此外，如果你是需要将推荐信用于大学或研究生院申请，那么一定要在申请截止日期之前请老师们写好。因为老师们如果有足够的时间来写推荐信，他们通常能够做出更有说服力的推荐。

3. 你有责任获得全班最好的成绩。有些人会说不能太过看重成绩，因为这不是知识的唯一衡量标准。但大学和研究生学院的招生委员会非常看重成绩，并会将成千上万的申请者的成绩进行比较，然后择优录取。如果你能够获得更好的成绩，那么肯定要竭尽全力地尝试。如

果你的成绩在A或B级、B或C之间徘徊，那么就应该付出额外的努力来确保获得更高等级的成绩。

我曾使用下面的方法，成功地将临界点的成绩提升到高一档的级别：

• 告知任课教师自己的专业目标或职业目标，并以它们的激烈竞争为由，请任课教师给我更高的成绩。在确保公平和可行性的前提下，大多数教师都希望看到自己的学生获得成功。因此，如果他们能够合理地给你提高分数，他们肯定会愿意这么做。

• 如果老师将平均分数为89.9的人定级为B，但将平均分数为90.1的人定级为A，可以尝试委婉地指出这其中的不公正和不合理之处。我自己曾经成功地用这个方法逆转自己的成绩定级，但显然这个方法不会每次都奏效，就像我看过的一则《花生漫画》所描述的那样。在故事中，薄荷帕蒂曾大声地质疑老师，为什么自己的分数是D-而不是D。帕蒂的理由是"D本身就足够美妙、重要和有尊严"，她认为"在D后面加上一个负号会导致它失去尊严，变得无趣，且丧失了应有的力量和鼓励"。她的老师并没有因为帕蒂的申诉而改变最终的成绩，但保证如果以后她遇上了官司，一定会请帕蒂做自己的辩护律师，因为帕蒂实在是太有逻辑啦！

如果你从不尝试争取更高的成绩或表达对成绩的关注，那么任课教师可能会默认成绩对你来说不重要，因此也不会因为你的成绩较低而感到担心。但如果你能够提前告诉教师自己对成绩的预期，他们至少会考虑一下给你打出更高的成绩。因此，你有责任从上课的第一天起，在教师们面前树立积极学习和争取最佳成绩的好学生形象。最重要的是，你需要一直努力学习，保持自己这种积极的形象。这将对你的平均绩点产生至关重要的作用。就像被警察开超速罚单时，如果你不试图辩解，那么你永远就只能接受他们开出的任何惩罚。但如果你尝试为自己的行为辩解，那么你可能还有20%的胜算。单次看来好像没什么用，但如果放在漫长的一生来看，这种尝试的影响力就大不相同了，同样的道理适用于你的GPA（在校平均分数）。

　　我以自己出色的病理学教授的故事作为本章的开篇，因此也希望能够用另外一位优秀教授的故事作为本章的结尾。这位老师与病理学教授的相似之处在于，他们两人的课堂都安排得井井有条、充满趣味和实用性。但这位教授还会鼓励学生与老师保持密切的联系，他也是我们许多人的榜样和导师。他有足够的信心与我们分享他自己的一些不足，以及他在职业生涯中曾经犯下的错误，和他从中吸取的经验教训。因为他希望能够通过分享这些故事，帮助我们避免犯下同样的错误。他还告诉我们，除了学习之外，我们还有很多其他重要的人生目标——享受一个幸福而充实的人生。因此，我们需要花时间丰富生活中其他有价值的领域，例如我们的家庭和社会关系，我们的身体健康和生活的意义，以及我们的智力和素养的培养，等等。他与我们分享了自己的知识和生活阅历，他给我们传递的知识和经验比任何其他学习资源和信息都更宝贵！

硬核大脑：如何充分利用教师作为资源

• 与教师建立良好的师生关系有很多好处。

• 在课程开始之前与教师接触，能够建立融洽的师生关系；请教师答疑解惑；了解如何学习该课程以及在发现课程不适合自己的情况下能够尽早退课。

• 学生对教师的态度应该包括期待高质量的课堂教学，从教师处获得必要的帮助并得到有尊严的对待。学生应本着谦虚求教的心态与教师接触，在遇到麻烦时可以组织一群学生前去与教师沟通，并在进行一些初步的研究之后再向教师提问。

• 在课程进行的过程中，教师将能够回答学生的问题，指导学生的学习和笔记，并提供关于即将到来的考试的必要信息。

• 在课程即将结束时,学生的职责包括诚实地评价教学效果,获得教师写的推荐信，并在认为自己的成绩应该更高的情况下与教师就成绩进行良好沟通。

第12章

化压力为动力

如何做好充分的考试准备

众所周知，压力会给人带来奇怪的影响，尤其是学生群体。如何应对考试压力，是学生需要解决的最严峻考验之一。学生们在备考时做的一些疯狂的事情已经广为人知，例如考试前连续三天三夜不睡觉，希望可以记住以前从未见过的长达60页的数学定理和公式；或猛喝咖啡，希望确保清醒足够长的时间，来记住雌鲇鱼的肋骨数量；或服用所谓的"益智丸"来强化认知和记忆能力。

毫无疑问，对于大多数学生而言，考试阶段是一个充满特定压力的时期。而应对这一艰难时期的秘诀，则是充分利用多余的肾上腺素和压力来准备考试，而不是让其失控并导致你做出愚蠢的行为。你可以利用这些多余的能量，来帮助自己更好地为即将来临的考试做好准备，也可以任由自己妄想老天会以某种形式派遣天使来给你指示正确的测试答案。

本章内容将探讨如何在考试的重压之下调节压力。我曾在不同场合多次说过，我之所以能够在考试中拿到高分，不是因为我的知识比别人渊博，而是因为我掌握正确的备考技巧。虽然有些人认为我是在投机取巧，但我倾向于把他们的批评当作对我考试技巧的肯定。毕竟，如果一个本身水平为B的学生，能够凭借考试技巧拿到A，就能够为自己开启更多的可能性，并为将来的学业或职业目标提供更多选择。

不幸的是，相反的情况更加普遍。很多熟练掌握了所学内容的学生，往往因为考试技巧不佳，而在考试中取得比预期更低的分数。充分了解所学的内容只是获得优异考试成绩的一部分。想要考出好成绩，除了要精通应试的知识和材料，还需要建立一套完整的考试技能，包括考试的准备、考试过程的处理、减轻考试焦虑，以及如何在成绩出来之后进行考后反思。

鉴于本书大部分内容都探讨了准备考试的各个方面，因此你可能会发现本章的内容存在部分重复。但就像有人曾说过的那样，"重复是教育之母"。如果大家没听过这句话，那可能是因为这个讲话人的名字被我重复的次数不够多……（开个玩笑！这是约翰·保罗·里希特在1807年说的。）

一、考前准备的时间表

在探讨时间表之前，我们需要了解一个重要事实，即学习的时长与考试的成绩之间不存在正相关的关系。也就是说，学习的时间越长，不一定能确保分数越高。因为真正决定考试分数的，是学习方法和考试技巧。我们将考前准备分成4个阶段：

- 考试前几周；

- 考试前几天；

- 考试前一天；

- 考试当天。

（一）考试前几周如何复习

1. 制定学习时间表并坚持下去。开始新课程的学习时，我们要做的第一件事就是制定学习时间表，确保自己有足够的时间充分学习新的材料。因此，为第一次考试开始准备的时间应该是在课程刚开始时。此外，我在安排时间表时，通过调整让自

> **来自克洛伊和阿丽兹的实用建议**
>
> 可以将学习计划表输入手机的日程安排中。利用手机的闹钟和提示来帮助自己坚持按照计划进行学习。

己能够在正式考试开始的三天之前就充分做好了考试准备。这让我有时间在开考前与伙伴一起复习，并了解他们的见解；向老师请教那些临考之前自己尚未搞清楚的问题，并确保整体的学习安排不受考试的影响。以这样的进度准备考试，我就能够确保不会因考试而忽略生命中其他重要的事情。虽然我不是每一次都能做到这一点，但这是我的奋斗目标。至少这个方法能够让你避免在考试前通宵达旦地临时抱佛脚。

2. 将学习内容拆分为条理有序、逻辑清晰的单元进行学习。在为考试进行复习时，这个方法能够带来极大的便利，因为你会清楚地知道自己复习了多少内容，以及还有多少内容需要去复习。此外，还要定期进行阶段性复习。每周抽一点时间，简要地复习自己在新章节中学到的所有材料。保持这个良好的习惯，你就会发现期末考试前的复习变得更快更轻松了，因为你对很多需要复习的内容记忆犹新，并且

已经牢牢掌握了大部分知识和内容。

3. 确保拥有完整的课堂笔记。对于大部分课程来说，期末考试的75%可能都来自讲义材料。因此，最好在下课后抓紧时间完善自己的课堂笔记，使笔记更完整、整洁，并确保自己花足够的时间来回顾笔记。而课堂笔记通常也是期末考试复习的最佳材料。

4. 单独保存你在学习材料的过程中自创的考题预测材料。正如你在前文第8章中看到的那样，自己设计测试题，能够大大激励你进行主动学习，并能够帮助你理解重要的概念和事实。如果你能够将这些知识点做好记录，那么它们也将成为期末考试复习的重要资源。

5. 创建一张"知识要点框架表"。在知识点列表中，只需要列出主要概念及其支撑事实，并标注那些可以让你迅速复习和回顾的关键词或公式。我在第一遍学习时会制作这样一张表，并且保证长度不超过3到4页。有了这张表，只需要花一两个小时就能够轻松完成复习，因此非常适合考前的快速复习。

6. 确保在考前一周，向任课老师提出下面4个问题：

• 本次考试将涵盖哪些具体主题？

• 本次考试将强调哪些材料？

• 考试会涉及什么题型？（这通常能够提供关于如何准备考试的重要线索。）

• 老师可以为学生们提供哪些备考线索？

很多老师愿意在考前指导学生的复习。而且试图在考试前复习整个学期的学习内容，不仅不切实际，而且可能会导致你在考试当天脑子一片空白。因此，要尽可能从老师那里了解更多关于考试的线索和材料，毕竟他们才是设计考题的人。

（二）考试前几天如何复习

对于很多学生来说，这是一段压力倍增的时间，但如果你能够遵循下面这些简单的复习原则，就可以化压力为动力，并帮助你的大脑更有效地进行复习。

1. 与搭档一起进行高效的学习。正如我们在前面论述的那样，与搭档一起学习，不仅能够帮助保持学习和复习的动力和耐心，还能够为你提供理解考试材料的新思路。共同学习的时间也能够用来相互解答关于学习素材的困惑，并且也可以利用搭档来检测自身对于学习材料的理解和掌握程度。

2. 考试前依然要按时上课。很多学生认为可以为了准备考试而逃课，这样他们就可以多出几个小时的复习时间。但一般在考试前的最后几节课中，老师们会提供关于考试的重要信息。此外，即便最后几节课学习了新的内容，因为间隔时间较短，在考试时你很可能依然对这些内容记忆犹新。一定要记住，准备考试的最佳材料就是你的课堂笔记，因此一定要坚持上到最后一节课，并做好课堂笔记。

3. 在学习时要保持良好的情绪和自信的心态。因为这不仅可以减轻压力，还可以确保大脑以最佳的状态运行。

4. 在学习和复习的过程中，不断完善"知识要点框架表"。在复习过程中，如果你对细节感到困惑，可以利用"知识要点框架表"来帮助理解。如果你已经充分掌握了主要的概念，那么就可以根据细节事实来构建这张表。而如果你没有扎实的理论基础，只是记住了零散的事实，那么在考试时就会发现自己的知识是支离破碎或逻辑凌乱的。

5. 临阵磨枪，不快也光——充分利用考前的冲刺时间。或许很多教育学家会告诉你，临阵磨枪是一个很糟糕的学习习惯。但我个人不认同这个观点。考前的冲刺不仅有用，而且在使用得当的情况下还可以大大提升考试成绩。而诀窍就是利用这些时间来复习已知内容，而不是学习全新的内容。如果你在临考前疯狂学习从未接触过的材料，你就会陷入大麻烦。但如果针对已经比较熟悉的材料进行冲刺学习，就能够强化相关的短期记忆，从而帮助你进行考试。许多研究表明，大脑记忆考试内容的主要影响因素是记忆的即时性。换句话说，在考前冲刺阶段，尽可能多地复习已经学过的内容，你就会理解得更深入，也记得更长久。在冲刺复习时，快速浏览备考材料，如果发现一些需要深度复习的内容，可以当下立即花时间更深入复习，也可以先贴上标签，等复习完剩下的内容之后再回过头仔细研究。

6. 如果因为不可预测的原因，你发现自己在冲刺复习阶段必须学习全新的内容，那么下面这些技巧可能会帮助你缓解学习的压力、降低难度：

• 确保你能够理解课堂笔记的内容。

• 阅读章节的介绍、主题句子、图表、斜体词，最重要的是要阅读章节摘要。

• 如果任课教师不反对，可以尝试拿到历年的考试卷，了解哪些材料是考试的重点（即使你已经充分掌握了相关知识点，这也是一个很好的做法）。

• 利用复习参考书，因为这些书通常会提供各个章节的基本事实。利用参考书复习要点，能够节约大量的时间。

（三）考试前一天如何复习

这段时间要用来复习课堂笔记和"知识要点框架表"，确保对所有重点内容的快速回顾。至少要复习两遍：第一遍用来确定哪些内容仍需要继续强化记忆，第二遍是确保大脑对所有材料的新鲜感。

不仅学习的习惯会影响我们在考试当天的发挥，我们的生活习惯也可能会影响成绩。首先要确保饮食的健康（请翻阅本书第15章了解具体的建议），并确保考试前一晚的充足睡眠。这不仅能够确保你在第二天早上精神焕发、精力充沛，并且能够让你的大脑在睡眠中巩固所学的知识。

（四）考试当天

考试前可以适当吃点东西，但也不要吃得过饱。如果吃得太多，随着身体大部分的血液向胃部流动，大脑会容易供血不足，导致精神不振。少量的瘦肉蛋白质和健康的脂肪（如鳄梨）是不错的选择。蛋白质和脂肪比碳水化合物的消耗时间更长。虽然碳水化合物能够迅速增加能量，但消耗也很快。如果考试的时间很长，请在必要时随身携带蛋白棒或坚果到教室，以备不时之需。

尽量在考试前提前几分钟抵达考场，记得带上额外的纸和草稿。你肯定不希望自己刚开始考试就感到疲倦或注意力分散。如果来得太早，过长的等待时间会导致焦虑水平上升。如果迟到了，可能会错过考试说明，导致你因为不了解考试信息而感到处于劣势，进而导致焦虑情绪达到顶峰！

考试前不要跟同学们扎堆探讨。一些精神过度紧张的学生可能会提出一些你没有研究过的细节信息。因此，需要与这些人保持距离，避免增加自己的焦虑感，因为他们纠结的那些细节信息，或许根本就不会出现在试卷上。

进入考场时，尽可能找一个远离干扰源的座位。通常这意味着不要坐在前排、门窗或吵闹的学生附近。我还记得自己第一次参加解剖学考试时，选择坐在自己最好的朋友旁边，因为我认为这样我们可以互相给予情感上的支持。但令我震惊和烦恼的是，他可能是整个俄克拉荷马州最吵的考生（典型的一刻不消停的考生）。他的铅笔轰隆隆地划过试卷；他像烧煤的机车头那样大声地喘气，就好像不发出声音就没办法给大脑供氧似的！考完之后，我们依然是彼此最好的朋友。但我们的友谊之所以能持续整个医学院学习生涯，很大原因是因为我在以后的考试中再也没有坐在他的旁边。

最后，开考之前要记住的最重要的事情是：相信自己。你要相信自己知道所有的正确答案，即使不知道正确的答案，也要相信自己能够猜对。等你坐到位置上时，也不必再挣扎着学到最后一秒，因为这个时候，你只能选择相信自己的大脑了。请深呼吸，并相信前期的努力和充分的准备，能够带你渡过这个难关。

考前准备"六不要"

• 不要熬夜不睡觉。如果你在大考之前睡眠不足，那么前一晚熬夜复习的东西可能根本想不起来，反而得不偿失。

• 不要迷信所谓的"益智丸"。服用那些声称能够增强记忆力、敏锐度和提振精力的所谓"益智丸"可能反而会导致长期的大脑问题。研究人员表示，这些药物可能会影响大脑多任务处理、规划和组织的能力。

• 不要偷吃兄弟姐妹们用来治疗多动症的药物。2018年的一项研究表明，治疗多动症的药物不仅不能提升健康学生的认知能力，还有可能导致大脑功能损伤。

• 不要暴饮红牛、咖啡、苏打水或其他含咖啡因的饮料。咖啡因在一开始的确能够提振精神并让你感到清醒，但随着效用的衰退，你可能反而觉得更疲惫，脑子更不清楚。

• 不要疯狂填塞垃圾食品。在考试前狂吃甜甜圈、糖果或其他垃圾食品可能会导致你在考试中无法清楚地思考。

• 不要忘了补水。哪怕是轻微的缺水也会导致你注意力无法集中、敏锐度下降并可能导致头疼。

二、考场应试策略

恭喜你，你终于熬到考试的时间了！现在就是你们在考场上检验复习的质量、大展身手的时候了！我们为大家提供了一些可以通用的考试技巧，以及回答论述题和客观题的建议。

（一）通用的考试技巧

第一，先从头到尾浏览一遍试卷，了解大概的问题类型和数量。然后确定每个问题需要的大概时长，并适当地划分答题时间。

第二，仔细阅读考试要求。审题的重要性不言而喻，因为题目可能只要求你回答部分问题，或在同一个问答题里给出两个题目选项。

第三，先回答自己知道答案的问题。这能够确保你在时间不够用的情况下，先把能够保证正确率的分数拿下。如果遇到不确定的问题，可以先做好标注，答完已知问题之后再回过头处理。而且要记住，后面的测试题可能会提供关于解题的有用思路。

第四，优先回答那些你认为教师希望你们能够回答的问题。

第五，根据自己的第一直觉答题。有的时候你在阅读题目的时候就知道你要怎么答题，但你的第二遍思考会让你开始怀疑自己的直觉反应。然后你继续纠结和思考，直到教师宣布考试结束，并要求你们停止答题，你都没能写出正确的答案。因此，要学会相信自己的第一直觉反应。

大多数教师在设计考题时，都会以直白的形式表述，不会刻意包含隐藏的含义或误导性的技巧。如果对试题存疑，可以在考试过程中请教师解答。如果他们不愿意回答问题，他们也会直说。但更多时候，他们会扫清你关于试题的疑惑。

最后，尽量克服提前交卷的诱惑。最快写完试卷的学生不一定就是考试成绩最好的学生。在确定自己竭尽全力地按照最好的标准回答完所有的问题之前，不要停笔。如果写完之后还有时间，可以再读一遍答题要求，确保自己的答案符合题目的要求。

（二）问答题和简答题的答题技巧

问答题通常是最难回答的问题，因为教师并没有提供任何备选的答案。但如果你能够在回答这些开放式问题时牢记下面6个原则，则会发现答题可以变得更轻松。

1. 仔细审题，并同时标注关键词汇和短语。这能够帮助你确定题目真正要问的是什么，以及教师希望获得什么类型的回答。审题时要注意是否给出答案的字数限制。

2. 在动笔之前组织好答案的逻辑，可以使用来自问题的词汇或框架。概述你想要提出的不同观点，并结合介绍性和摘要性陈述进行写作，这将让你的答案看起来不是干巴巴的事实罗列。

3. 先给出一般性陈述，然后加上支撑性的事实和案例。这将有助于以有条理的方式组织答案。老师们在看到这种类型的答案时会眼前一亮，因为他们可能已经在毫无逻辑的答案上浪费了太多时间。

4. 在确定了答案的内容之后，请以简明扼要的方式写作，只写要求写的内容。如果你不确定正确的答案是什么，请尽可能多地写下与该问题相关的所有主题。希望阅卷老师能够从这些信息中找到得分点，并给你几分。无论如何，不要留白！留白肯定是一分都拿不到的，但如果你写了东西，或许还有可能拿到一两分"感情分"。

5. 注意时间限制。在写下冗长的答案时，我们很容易会超时。因此，最好将手表戴在手腕上或放在桌子上，或定期抬头看考场里的时钟，确保自己不会超时。要注意的是，哪怕你对老师说你只想用手机来看时间，大多数老师也不会允许在考试过程中将手机放在桌子上。

6. 如果写完之后还有时间，可以检查一下是否已经完整地回答了问题，并检查是否存在语法或拼写错误。

（三）客观题的答题技巧

如果可以选择，我希望所有的考试都是客观题。因为这些问题通常已经提供了答案，而我们要做的就是将给出的选项信息与我们在大脑顶叶中存储的信息进行匹配即可。下面这些策略可以帮助我们回答多项选择题、匹配题和判断正误题。

1. 审题要慢，答题要快。如果不确定正确的答案，请跟着直觉走，选择第一个浮现在脑海中的选项。因为这能够让大脑的潜意识来帮助选择答案。

2. 谨慎选择放之四海而皆准的选项，因为这种陈述基本上都是错的，因为学术界很少存在普遍适用的真理。这些表述中可能包括总是、永不、没有、全部、每个和大多数等关键词。

3. 在答题过程中，使用符号系统来标注自己的判断。我个人会使用T（正确）、PT（部分正确）、F（错误）和PF（部分错误）来标注我对陈述的判断。这能够帮助我区别不同的选项，并避免在不确定时需要反复回顾原文，能够节约宝贵的时间。这个方法在包含了"以上所有内容都对"或"以上所有内容都错"等选项的题目时尤为有用。如果你无法确定正确答案，可以考虑只选择标注了T（正确）或PT（部分正确）的选项，这能够增加答题的正确率。

4. 确实无法确定正确答案时，可以尝试下面的策略：

• 最通用的选项往往最有可能是正确的。

• 最长的选项通常是正确的。

• 那些重复了问题的选项往往是正确的。

• 如果存在两个相反的选项，在它们中间二选一。

• 选择表达"正确"而非"错误"信息的选项，因为编写错误选项的难度更大。

• 如果答案是数字，那么正确答案通常是中间值，因此可以排除数值最大或最小的选项。

• 如果完全没有任何头绪，那么全文选B或选C。

记住，这些只是无奈之下的考试策略，不是通用于所有考试的规则。你自己学习和掌握的知识，才是选择正确答案的最佳评判依据。

5. 在回答判断正误的问题或多项选择题时，不要试图遵循某种模式。因为一般来说，不存在各个选项的正确比例或均匀分布。

6. 在回答匹配题时，可以采用排除法。先匹配能够确定的答案，然后再将剩下的选项进行匹配。

7. 在答题时，可以先尝试自己给出答案，再考虑选项给出的答案，这能够避免先入为主的问题。此外，将最难的问题留到最后回答，除非这些问题的分值比重特别大。

如果你能够使用这些策略，或许会发现考试成绩出现了显著的提升。要记住，学习的技巧固然重要，掌握考试的技巧也必不可少。

三、如何克服考试焦虑

缓解考试焦虑的最佳方法就是充分准备。在大多数情况下，考试前和考试中的焦虑水平与我们花在学习上的时长和学习的效率成反比。也就是说，学习的时间越长，效率越高，焦虑的程度就会越低。

我曾经治疗过几名患有严重焦虑症的患者，他们的焦虑导致学业表现远远低于实际的能力。加利福尼亚大学欧文分校的医学博士唐纳德·谢弗（Donald Schafer）教给我一种可以缓解考试焦虑的简单催眠技术。这个技术对我的患者非常有效。如果你能够认真执行以下简单步骤，你同样也可以利用这个技术减轻自己的焦虑：

• 首先，闭上眼睛后专注深呼吸几分钟。让呼吸变得更慢、更深、更有规律。

• 然后想象你自己正舒适、放松地待在自己平时学习的地方。

• 完成这两个步骤之后，拿起钢笔或铅笔（以考试要求使用的为准）并暗示自己，在考试开始时动笔，就跟在家里的学习椅或自己习惯的学习地点那样舒适而自然。

• 重复练习几次，直到你能够在考试中真正放松下来。

如果在考试时，这个方法没有产生效果，那么可以尝试深呼吸3次，并闭上眼睛，花点时间尝试想象一个让你放松的场景。例如躺在海滩上，或冬天坐在温暖的壁炉旁。这个方法应该能够产生放松的作用。如果你的焦虑已经让你无法想起任何学过的知识或内容，请花1分钟时间进行这些放松练习。这些练习通常能够消除因焦虑导致的障碍。

三种基于大脑的技巧——
缓解考前焦虑并增强认知功能

呼吸技巧：只要你在大考之前感到紧张或焦虑，请尝试下面的简单呼吸练习，帮助舒缓情绪。此外，深呼吸能够增加大脑的氧气含量，减少脑雾并强化专注力。这两点对取得优异的考试成绩尤为重要。训练方法如下：

1. 深呼吸。

2. 屏气一到两秒。

3. 缓慢呼气，持续5秒钟。

4. 重复10次，就可以感到明显的放松。

进行冥想或祈祷练习：冥想和祈祷——每天5分钟——就能够带来许多好处，可以使你在考试时受益，其中包括：

• 缓解压力。

- 增强专注力。

- 提振精神。

- 增强记忆力。

- 增强前额叶皮层的整体功能。

- 增强执行功能。

- 舒缓焦虑、沮丧和烦躁等情绪。

基于大脑的终极疗法：充分利用感官。我们的大脑会被周围环境影响，因此我们可以通过控制自身的感官信息输入，来确保考试前能"清理良性的大脑空间"。

- **视觉:** 花点时间看看自然界中最生动的图像或分形图像(在自然界中发现的不断重复的图案)被证明能够减轻压力。

- **听觉：** 音乐可以使我们平静下来，帮助我们集中注意力并提振精神。创建一个适合自己的音乐播放列表并在前往考场的路上听一听。

- **触觉：** 请朋友给你一个拥抱。这个简单的举动能够促使你的大脑释放令人感觉良好的神经递质刺激素，从而减少大脑中增加压力的应激激素皮质醇和去甲肾上腺素的分泌。

- **嗅觉：** 研究已经发现很多气味可以帮助镇定神经，包括薰衣草精油（用于舒缓焦虑和情绪）、玫瑰精油和洋甘菊等。

- **味觉：** 用肉桂、薄荷、鼠尾草、藏红花或肉豆蔻调味的食品已被证明具有改善情绪的作用。

四、考试后

在教师批改完试卷并将考卷发回你的手上之后，你将承担下面三项责任。

1. 回顾整份试卷，查看被扣分的考题并了解自己错在什么地方。这是一种非常痛苦但很有效的学习方法。在想要放弃的时候，请记住奥普拉·温弗瑞（Oprah Winfrey）所说的话："失败是一位了不起的老师，如果您愿意接受它，那么每一个错误都会给我们一个教训。"

2. 如果你的答案被判定为错误，但是你不认同教师给出的参考答案，则可以去请教师解惑。一定要做好充分的准备，只有学生能够有说服力地捍卫自己提供的其他正确答案的时候，教师才会愿意为了学生更改参考答案。

3. 如果你发现试卷上存在表述不清的问题，请通过巧妙的方式引起教师的注意。大多数教师都欢迎此类反馈，不希望自己成为独裁型的教师。而你提供的建议，将能够帮助未来的学生避开这些设计不合理的考题。

硬核大脑：如何化压力为动力

• 考试前几周：制定一个学习计划，将学习内容拆分为小节学习，定期回顾全文，确保拥有一整套学习笔记，制作一张"知

识要点框架表"，并一定要记得向教师咨询考试的内容。

• 考试前几天：与小伙伴一起学习，按时上课，侧重复习已掌握的内容而非学习全新内容。如果不得不学习新内容，做好笔记和章节小结，并在教师允许的情况下获得以前的考题。

• 考试前一天：依据课堂笔记和"知识要点框架表"进行全面而快速的复习。考试当天：适当饮食，提前几分钟抵达考场，找一个远离干扰源的位置。

• 考试技巧：快速浏览试卷，仔细审题，先回答自己知道答案的问题，揣摩出题老师的意图并以此为答题依据，不要过度解读问题的含义，尽量不要草草写完并提前交卷。

• 在回答开放式问题时：仔细审题，确保答案逻辑清晰；从一般性论述到具体细节信息；知道答案的情况下，简洁凝练地回答；不知道答案的时候，尽可能多写相关信息；千万不要留白；注意控制答题的时间；答完之后记得检查内容、拼写和语法。

• 回答客观题时：仔细审题；迅速作答；留意通用型陈述；使用符号系统；在不知道答案的时候，运用技巧进行猜测，并仅在十分肯定的情况下更改答案；否则应遵循第一印象进行选择。

• 通过充分的考前准备和放松技巧来缓解考试焦虑。

• 在考卷批改完毕并发回手中之后：回顾一下，看看自己错在什么地方；如有不同意见，从知识而非人身攻击的角度与教师进行友好的探讨；向教师反馈对本次考试的印象和建议。

第13章

写作和演讲

如何有效地表达自我

我在大三的春季学期被要求写12篇论文，其中3篇是学期论文。而我的职业道德课布置了6篇论文，要求每两周提交一篇。我在那门课上经常感到很沮丧，因为每次老师发回的论文上没有任何个人的评价或反馈，只是在右上角打了一个分数。我当时特别想要得到老师的评价，在我第四次拿回自己的论文，发现还是只在右上角打了一个分数的时候，我开始怀疑老师到底有没有真的看过我的论文。因此，在我的第五篇论文中，我在第四页最下面的一段插入了这样一句话："如果您仍在看这篇文章，我就给您买一杯奶昔！"我的老师在空白处给我回了一句话："请买巧克力味的！"而这是他给我的论文写下的唯一评价！

写作这项技能不仅在中学、高中和大学时期对你有用，甚至会影响到你一生的发展。良好的写作能力会为你打开无数职业发展的大门。同样，能够在公共场合得体地演讲，也是许多雇主希望员工具备的技能。因此，本章将专门探讨如何通过写作和演讲表达自己。由于撰写论文和撰写演讲稿之间存在许多相似之处，本章将这两种技能放在一起探讨。在本章的最后你将找到强化演讲技巧的内容。鉴于市面上已经有很多关于高质量写作和演讲的书籍和资源，因此本章将只探讨我基于个人的学术生涯总结的八个有用步骤。

一、写作的八个技巧

（一）做好时间的规划

按时完成任务是大多数人生活中必不可少的一部分，而这一点在撰写论文或演讲稿时尤为重要。很多老师会因为迟交论文而给你打低分，甚至会在截止日期后拒收论文。而如果你没能提前写完演讲稿，并给自己预留彩排的时间，那么你在演讲的时候一定会感到非常紧张。因此，在接到写作和演讲任务时，应该立即准备一个合理的时间安排，并完成本章接下来要论述的7个步骤。这能够帮助你避免在交稿截止日期的前几个晚上挑灯夜战。

（二）选择自己真正感兴趣的话题

在选择论文或演讲的主题时，请一定要选择自己喜欢或能够激发个人兴趣的事物。这将使整个写作的过程变得更愉快，并让你更有可能愿意花费必要的精力和时间来按时完成任务。这也会让你的读者或听众感到更加愉悦，因为当你对某些事物感到不满时，这种情绪就会贯穿在你的作品中。如果你认为选择的主题很无聊，那么听众或读者也会感到无聊。即便所选的主题是老师分配的，也要想方设法找到方法来注入个人的理解和热情。只有用心投入，才有可能写出独特的作品。

尽量不要选择抽象的话题。一般来说，人们更希望阅读或听到一些能够对日常生活产生影响的东西，例如怎么样才能够在更短的学习时间内取得更优异的成绩。

不要给自己施加额外的压力去试图找到从未有人写过或谈论过的话题。正如所罗门王在《传道书》中所写的那样："已经发生的将会再次发生；已经完成的会再次被完成；阳光之下没有新鲜事。"在写作或演讲时，这是一个值得遵循的好原则。我们可以选择对观众来说新颖的主题；或尝试从新的角度解读旧的主题，使其变得有吸引力。但在主题的选择方面，不要设置过高的期望。

（三）确保主题足够具体

在选定了主题之后，请确保主题足够具体，让你能够在限定的字数或时间内充分论述。如果主题太宽泛，如"宇宙的定义""物质的本质"或"人类思想的发展及其对21世纪的意义"，等等，那么你通篇或整个演讲可能都在论述一些非常宽泛而宏大的概念，不能提供任何具体或实际的内容。如果你无法确定自己所选的话题是否太宽泛，可以请老师帮忙判断。写作和演讲的目标并非几乎无法涵盖主题的空洞论述，而是有条理、结构严密的想法、论点或信息。

（四）开展充分的研究

开展关于论文或演讲主题的研究，可以是省时又省力的，也可能不仅徒劳无功，还反过来增加写作或演讲的压力。首先要做的就是抓住所选主题的核心：你想要传递什么样的信息？在确定了想要传达的内容之后，就可以通过阅读书籍和互联网检索，找到可以支撑自己论点的相关研究。确保使用可靠的信息来源，例如该领域的专家出版的书籍、期刊论文和研究、TED演讲以及报纸和杂志文章等。

在研究过程中要广泛地做笔记。撰写论文或演讲稿时，你掌握的信息越多，写作过程就会越轻松。另外，做好援引资料或文献的标注。当你需要再次参考时帮助你节约时间，或老师们提问某个信息的出处时，你能够提供来源。

（五）起草大纲

在充分研究了主题并记下了足够的笔记之后，可以起草一个写作或演讲大纲。首先将论文的陈述主题或演讲主题放在页面顶部，然后在下面列出能够支撑该观点的陈述要点（尽量列举3到5个），用序号进行标识。然后，在每个要点下添加支撑性材料丰富大纲的细节。从主要概念入手，慢慢地补充和细化，你就逐渐能够看到整个论文或演讲的完成框架。最后，再添加必要的细节信息。

来自克洛伊和阿丽兹的实用建议

要注意维基百科或社交媒体上分享的文章，并不一定是可靠的信息来源。一定要核查信息的独立来源以核实其正确性和真实性。

如果你在起草大纲时能够进行充分的思考并付诸努力，那么就可以避免后期写到一半的时候，因为突然发现自己不喜欢论文的组织方式而大篇幅重写。同样，如果你在起草大纲时能够用自己的语言表述，而不是照搬教材或网上的信息，那么写作的过程也会变得更轻松，因为你可以直接将大纲中的信息提取出来用在论文的写作中。

而且，详细的大纲将能够减少撰写论文终稿或演讲终稿所需的时间，因为你的思路已经非常清晰，不会因为思路混乱而写不下去。前期起草的大纲，将成为写作的路线图，提醒你已经完成了哪些内容，以及剩下的内容要按照什么思路来写。

（六）咨询他人的建议

在完成大纲的起草工作之后，你可以与朋友和教师探讨一下。他们能够提供有价值的想法和反馈。在这个阶段，结构或内容层面的重大调整并不费事，千万不要等到写完论文或演讲稿的全文之后，再去沟通和交流。因为到了那个阶段，对框架的修改不仅非常困难和耗时，也会让你感到沮丧和受挫。选择那些相信你并了解你的感受的人，来帮忙审阅大纲。因为你更有可能相信他们的建议，并接受他们提出的建设性批评。

（七）撰写初稿

如果你选择了一个有趣的话题，将主题细化到非常具体的程度，进行了充分的研究，起草了大纲，并与值得信任和尊敬的人进行了探讨，那么撰写论文或演讲的第一稿，实际上已经成为写作过程中最容易完成的任务。

　　写作或演讲需要遵守的一个简单规则是，先告诉读者或听众你计划说什么，然后把它说出来，最后回顾和总结自己所说的内容。这种三段式的表述能够让你以井井有条的方式呈现内容，并能突出你想强调的重点。

　　在写作的过程中，请谨记下面五个简单的原则：

　　• 一次只说一件事，并确保所有的论点、示例和支撑性论述都紧扣主题。

　　• 确保句子的连贯性和思维的有序过渡。

　　• 尽可能清晰地表达。如果你想要表达某个观点，请确保明确地陈述或表述，因为清晰的行文说明逻辑也很清晰。

　　• 请勿使用多余的单词或示例。尽可能简洁，以确保表述清晰得当。删掉或重新组织导致意义混乱的所有单词或句子。

　　• 尽可能幽默风趣。如果我们能够用有趣或幽默的方式提出观点，那么读者或听众更有可能记住它们。幽默或风趣的表述也可以使读者或听众的注意力集中在论文或演讲上。尤其是在表达复杂或密集信息时，这个方法尤为有用。

　　在撰写初稿时，只管顺着思维写就行了。不要在写作的过程中停下来编辑或修订。因为我们后期会有足够的时间来纠正语法和标点符号的问题。在这个阶段，你只需要确保能够将全部的想法写出来就行了。很多人一边写一边改，试图达到完美的效果，但后果却是，永远停留在第一段！

（八）论文或演讲稿的修订

正如所有的专业作家告诉你的那样，"好文章是改出来的！"因此不要指望自己的初稿就是终稿。实际上，修改论文或演讲稿需要花费的时间不会比完成初稿的时间短。因为你需要在这个阶段完善句子的结构，选择更精准的词汇，修订标点符号，并确保所有的论述按照既定的逻辑顺序呈现。通常，修订比写作要枯燥得多。但如果你能够花足够的时间进行修订，那么你的论文和演讲稿将会非常专业，并且你使用的修辞方法或演讲技巧也不会影响试图传达的信息。

二、公众演讲的技巧

如果是写论文，写完之后上交，你就可以坐等好成绩了。但如果是写演讲稿，写完稿子意味着你的工作只完成了一半。对于许多人来说，最困难的部分还在后面，即站到一群人面前宣读自己的演讲稿。我个人可以证明这是真的！每当我即将上台讲话的时候，我总感觉肚子里有一群愤怒的蚊子在捣乱（大多数人可能会说是蝴蝶，但我的感觉是蚊子），搞得我心里七上八下的。另外，在演讲开始时，我感觉自己的声音都变形了，听起来像是有人在给气球放气的同时，嘎吱嘎吱地抓挠出气口，总而言之就是一种令人抓狂的噪声。

在参加了两个大学生演讲团队，并在第二个团队中担任主席之后，我学到下面这些有用的演讲策略，能够帮助我克服对公开演讲的恐惧，并发表一场成功的演讲：

• 选择自己喜欢的主题。正如我们在前面所说的那样，一定要选择自己非常熟悉和/或感兴趣的主题。如果你对自己所选的材料充满激情，那么也更有可能使听众感到兴奋。

• 反复修改演讲稿，直到确保正确无误。如果你对自己将要介绍的内容感到满意，那么就能够更有信心地将其表达出来。

• 在正式演讲之前，对着朋友或镜子彩排，或用手机录下自己的演讲。这个方法能够让你利用将演讲内容预先呈现给友好的听众来获得建设性的反馈，哪怕听众是你自己。如果你能够预先演练自己的演讲，你就能够调整手势和姿势，直到自己满意为止。同时也要注意演讲的节奏和声音的大小。例如，在陈述重要观点之前停顿几秒，能够提醒听众你即将分享非常重要的内容。练习如何与听众进行眼神交流。如果你在镜子中的形象是眼神飘忽或令人昏昏欲睡，那么你的麻烦就大了。

• 给自己计时。如果你的演讲时长是10分钟，但你只准备了3分钟的材料或准备了长达25分钟的材料，你就遇到大问题了。可以利用手机的闹钟进行训练，确保自己能够在指定的时间内完成演讲。

• 练习、练习、练习！练习得越多，对演讲稿越熟悉，你在演讲时就会越镇定。哪怕演讲稿是你自己写的，你也要花时间反复练习，这能够确保你开口时不会感到恐慌或将演讲内容忘光光。

• 携带一张提示小纸条。哪怕是脱稿演讲，也不要忘了带上提示小纸条。如果你完全忘了自己讲到哪里，那么这个小纸条就能够提示你找到自己的位置并继续演讲。但是，最好在脑子一片空白，什么都想不起来的情况下使用提示小纸条。如果你过于关注或依赖这张小纸条，你可能反而会忘了需要表达的信息。而且没有听众愿意看到演讲者在讲话时头也不抬地对着笔记念稿。

• 要记住演讲稿的内容，首先要牢记演讲稿的大纲。整体的框架在这里非常有用，如果你能够记住演讲内容的大致框架，知道自己当前讲到了什么地方，以及下面需要讲些什么内容，那么你虽然可能无法记起具体的表述，但肯定可以顺利过渡到下一个要点。

• 要充满激情。要意识到你正在培养一种能够让你自我感觉更加良好的技能。如果你能够写得好或说得好，那么你就掌握了与他人分享自己想法的强大工具。从心理学和社交的角度来看，这是十分有益的，因为当你学会与他人更好地交流时，你将有机会参与更多的人际互动，并且取得更令人满意的结果。

缓解公众演讲焦虑的四个步骤

在整个职业生涯中，我已经在电视上露了数百次面，而且我非常高兴能够有机会与观众们分享我们从脑部扫描成像研究中得到的知识。但我也不是天生就适应镜头前的讲话。实际上，我依然清楚地记得我在1989年第一次接受CNN的电视采访时的情景。当时，因为我给《大观》(*Parade*) 杂志写的一篇题为《如何改掉根深蒂固的旧习》的文章引起了读者的广泛共鸣，并引起了巨大的反响。他们希望对我进行电视采访，更深入地聊一聊关于这篇文章的信息。但就在开播前，我变得焦虑不安。我心跳加快，感觉喘不上气了，甚至想要直接逃离演播室。幸运的是，作为一名精神科医生，我有治疗焦虑症患者的丰富经验。因此，我遵循了治疗患者的方法，按照下面四个步骤缓解自身的焦虑：

1. 放慢呼吸的节奏。如果你呼吸短促而浅，大脑就很容易缺氧。而任何减少大脑氧气摄入的事情都会引发焦虑、恐惧和恐慌的感觉。

2. 不要逃离。逃避引发焦虑的事物并不能解决问题。在我的例子中，如果我当天离开了CNN的演播室，我可能永远也不会有勇气再次接受电视采访了。

3. 写下自己的想法。我们将在下一章提供更多相关的内容。但一般来说，当你能够写下自己的想法时，你就能够发现那些毫无根据且令人恐惧的想法，并克服它们。就我而言，我当时非常担心自己会因为紧张而结巴，从而让自己看起来愚蠢。但实际上我从来没有口吃过，所以我也不太可能会出现这样的问题。了解到这一点能够让我放松下来。

4. 必要时服用镇静剂或药物。如果前面三个步骤无济于事，你可能需要考虑最后一步：通过药物来辅助缓解焦虑。

硬核大脑：如何有效地表达自我

• 写作和演讲技能将为你带来终生益处。

• 在撰写论文或演讲稿时，遵循下面八个步骤：制定合理的时间安排表；选择自己感兴趣的话题；缩小话题的范围；对主题进行研究；起草大纲；与教师或朋友讨论大纲的合理性；撰写初稿；然后修改稿件。

• 告诉听众你打算说什么——将这些内容说出来——然后回顾和总结所说的内容。

• 在写作时，牢记下面五个概念：一次只说一件事；保持写作的连贯性；尽可能清晰；用语尽可能简明扼要；并在适当时运用幽默的表述。

• 在演讲时，要选择感兴趣的话题；确保演讲稿的质量；演讲前先对着朋友或镜子练习；反复练习直至完美；给自己计时；上台演讲时可以携带提示小纸条；首先背下演讲稿的大纲。

• 最后，要充满激情。写作或演讲练习的次数越多，你的写作和演讲技巧就会越熟练，完成写作和演讲的任务也会变得越简单。

第14章

干掉脑中的自动消极情绪

如何确保一天的好情绪

不要相信脑子里自我否定的愚蠢想法。你知道自己的想法和感觉也会撒谎吗？而且它们大多数时候都是错的？这些消极的想法会让你感到悲伤、不安和无能为力，并且可能导致你无法取得学业的成功。以马库斯为例，他来找我是因为他在学业上遇到了很多麻烦。在与我的第一次对话中，他告诉我：

"我是个笨蛋！"

"我的老师可讨厌我了！"

"我永远都不可能像其他小孩那样优秀！"

我将这些情绪称为"自动消极情绪"。我教了马库斯六个简单的策略帮助他控制自己的思想，使他的头脑保持平静，确保注意力的集中，因为只有这样，他才能获得一直以来追求的学业成功。相信你也可以充分利用下面的策略控制自己的自动消极情绪。

一、你的想法会直接影响你的感受

每次你产生想法时，大脑都会以你认定的方式释放化学物质。每当你有悲伤的想法、疯狂的想法或绝望的想法（例如"我是白痴"）时，大脑都会释放出使你感到难过的化学物质。相反，每当你有一个快乐的想法、一个充满爱心的想法或一个充满希望的想法时，大脑都会释放出使你立即感觉良好的化学物质。有太多负面的想法可能会让你感觉很糟糕——否定自我、否定自己完成学业的能力、否定自己的老师、否定生命中的一切——所有这些都会导致你无法实现预期的目标。

人类的大脑天生更容易产生负面的思想

对于我们居住在山洞中的人类祖先来说，消极想法是维持生存的一个有利工具。专注于负面的想法有助于他们逃离剑齿虎的吞噬或不会因掉下悬崖而丧命。对生命中潜在危险的本能担忧是人类能够存活这么长时间的重要原因。但是，随着经济和社会的发展，我们不再受到野生动物或未知危险的持续威胁。但人类大脑的进化速度赶不上周围环境变化的速度。事实上，研究表明，现代人类的大脑依然更倾向于产生消极的想法，而不是积极的想法。只要看看每天的新闻热点你就能明白——我们关注的永远都是一场又一场的灾难，因为我们更倾向于关注负面的新闻。在一项研究中，受访者点击那些带有负面形容词的新闻的概率，比点击带有正面措辞标题的新闻的可能性高63%。好消息是，我们可以通过训练将大脑这种天生的负面倾向扭转过来，扫清大脑中负面、无助的想法，将它们转化为正面、积极的想法，以帮助你实现预期的目标。

二、辨别大脑中消极想法的真伪

我们要学会质疑那些可能会阻止我们成为优秀学生的消极想法。我的好朋友拜伦·凯蒂（Byron Katie）创建了一项名为"伟大工作"的训练，可以帮助扭转消极的思想和信念，避免加剧焦虑和沮丧的情绪。本质上，这项训练要求在否定、有害或令人沮丧的想法出现时，通过自我询问辨别它们的真伪。例如，如果你认为"自己的历史很糟糕"，请询问自己这个想法是否属实。你是真的不会学习历史，还是只需要更努力学习？还是只需要找到方法，让自己产生学习历史的兴趣？当我们能够辨别思维的真伪，我们就能够控制自己不受负面想法的影响。是不是给了你一颗定心丸？！

三、了解七种不同类型的自动消极想法

我们首先要学会辨别什么是消极、负面的想法，才有可能彻底解决它们。下面我们将了解7种不同类型的自动消极想法。

1. 全盘接受或全盘否定的自动消极想法：这种类型的自动消极想法倾向于以极端的方式看待事物——即要么全都是好的，要么全都是坏的——常见的表述包括：全部、总是、从不、绝无、没有、一个都没有、每个人以及每次。

你能否通过优化思维来改善大脑功能

我曾经与《赞赏的力量》（*The Power of Appreciation*）作者心理学家诺埃尔·纳尔逊（Noelle Nelson）进行过消极思维与积极思维的研究。我们在两种截然不同的情况下对她的大脑进行了两次SPECT扫描。在进行其中一次扫描前，她用了30分钟时间思考自己生命中所有让她感激的奇妙事物。经过这些积极的思考之后，她的SPECT脑部扫描显示出非常健康的血液流动和活动。在另外一次扫描中，我请诺埃尔花30分钟回忆她最恐惧和忧虑的事情。与进行了积极思考的大脑相比，进行了负面思考的大脑呈现出明显的差异。对消极大脑进行的SPECT扫描显示小脑和颞叶这两个重要区域的活动明显减弱。如果你还记得，我们在前文说过，小脑参与处理复杂的信息，而该区域的活动不足则会导致学习表现不佳、思维迟钝和混乱等问题。颞叶活动不足会引起记忆和情绪问题。诺埃尔的故事表明消极的思想会引起大脑的消极变化，导致学习效果不佳。而反过来，积极思考会增强大脑的动力，从而提升学业表现。

2. 只看到糟糕一面的自动消极想法：这种类型的自动消极想法导致你看不到事物好的一面，只能看到最糟糕的后果。

3. 负罪感驱使的自动消极想法：这种自动消极想法通常会包含应该、必须、有责任去或必须等关键词，迫使你出于负罪感而去完成任务，这事实上会导致积极性的丧失。

4. 贴上负面标签的自动消极想法：这种想法会导致我们很容易给自己或他人贴上否定的标签。此类消极做法会强化大脑中的消极神经通路，并导致我们永远无法摆脱旧习。

5. 铁指神算式自动消极想法：不要听信这种错误的自动消极想法！铁指神算式自动消极想法总是会在没有任何证据或信号的情况下，断定最糟糕的情况一定会发生。

6. 心灵读取式自动消极想法：这种类型的自动消极想法会让你自以为了解他人内心的想法。它将会导致你在没有被告知的情况下，妄自揣测他人的想法或感受。

7. 怨天尤人型自动消极想法：将自身问题归咎于他人让你认为自己是受害者，并导致你无法坦诚面对自己的错误并从中学习经验教训。

四、如何干掉自动消极想法

想要干掉自动消极想法，你首先需要确认它们的类型，然后通过诚实、理性的思维重构思想。下面是解决方案的示例。

自动消极想法	类型	如何解决
我的作文考试从来没有考好。	全盘否定	这不是真的。我通常情况下都考得挺好。这一次是发挥失常。我会吸取这次的经验教训，争取下次做得更好。

100分的测试我才考了90分，我真是没用！	只看到糟糕一面	拿到90分已经是很出色的成绩了。我应该为此感到骄傲。
我应该着手构思期中论文的大纲了，但我一点不想做。	负罪感驱使	我想要在这个周末完成期中论文，因为这对我来说很重要，而完成论文的大纲能够帮助我顺利完成论文。
我真是个糟糕的学生。	贴标签	如果我能够集中注意力并努力学习，我应该可以拿到很好的成绩。
其他学生一定会很讨厌我的演讲。	铁指神算	没有证据的情况下，我不能这么断言。
我的学习伙伴肯定生气了，因为她没有第一时间回复我的信息。	心灵读取	我不能确定。或许她正忙着学习别的科目。我晚一点会跟她再沟通。
我没能拿到更高的分数，都是老师的错。	怨天尤人	我需要分析自身的错误，看看能不能找到改进的办法，下次考得更好。

五、适当休息，避免过劳

作为一个学生，需要面临太大的成就压力，这可能会让你感到不知所措、压力重重。基于我个人的经验，当你连续学习了很多个小时，以至于脑子已经无法思考时，你很容易感到筋疲力尽……更糟糕的是，还有很多的学习任务没有完成。下面这些方法，能够帮助你避免出现学习过劳。

• 接受自己的局限，并知道适可而止。接受自己并非超人的事实，不要事事追求完美。承受来自老师施加的巨大压力已经很不容易了，就不必再给自己加压，这只会让情况变得更加糟糕。

• 尝试暂停并休息一下，放松身心。当我们的身体得到充分休息和放松时，我们才有可能以最佳的状态完成工作。事实上，压力过大会导致大脑释放降低问题解决能力的化学物质。我知道在重重压力之下要求你们暂停休息会很困难，但只有适当的休息才能确保最佳的表现。但需要提醒自己的是，休息并不能作

> **来自克洛伊和阿丽兹的实用建议**
>
> 在制定学习计划时，要记得把"个人时间"纳入计划中，并设置闹钟提醒自己去休息，放松一下自己的大脑和身体。

为拖延或不学习的借口，这只是预防学习过劳的一个办法。

• 安排休息的时间表。良好的时间管理能力，是预防学习过劳的最重要办法。在制定时间表时，将自己想要完成的事情罗列出来，并在表内安排合理的时间。

六、如何与师为友

我发现，一件能够让学习生涯变得更美好的事情，就是与教师成为朋友。无论你是否喜欢他们，你都需要定期与教师们会面，因此，为什么不让这段师生交互的时光变得更愉快呢？想要跟老师们建立良好的师生关系其实很简单，你只要在课堂上保持对教师的尊敬，保持积极的学习态度，并告诉老师你欣赏他们的哪些教学风格等。但要牢

记不用做得太过火。学生们拍马溜须的行为老师们见得太多了——有学生给老师们送巧克力，有学生对老师说"我老妈是PTA的负责人，所以你最好给我打A"。老师们能够看穿那些为了好成绩而对他们虚情假意的迎合行为。这种不诚心的行为可能会适得其反，给老师们留下一个糟糕的印象。但如果你能够诚心诚意，那么你可能会最终真心喜欢上这群可爱的老师们，并从良好的师生关系中受益。

硬核大脑：如何干掉自动消极想法

• 你的想法会直接影响到你的情绪。糟糕的想法会让你感觉糟糕，积极的想法会让你感到愉悦。对脑海中想法的准确性提出质疑。询问自己这些消极的想法是否属实。

• 了解自动消极想法的七种类型。这些自动消极想法可能会让你感觉糟糕，并导致你无法实现预期的学业目标。

• 干掉自动消极想法。学会扭转这些消极想法的方法。确保它们不会妨碍你成为优秀的学生。

• 适当休息，防止学习过劳。适当预留一些"个人时间"，让自己的大脑和身体都能得到放松和充电。充分的休息才能够保证优异的表现。

• 与师为友。与教师建立良好的师生关系，能够让你的学习生涯变得更愉快。

第15章

锦上添花

如何充分释放潜能

本书旨在成为一份能够持续带来好处的礼物。这份礼物包括更好的成绩、更全面的知识以及更高效地利用时间。但能否充分利用这份礼物，取决于你个人的行动。如果你选择利用这份礼物——实践本书提供的策略并以热情的态度进行学习——你将会取得令人十分满意的结果。但如果你放弃开启这份礼物——固守老旧且无用的习惯和模式或在遭遇困难的时候直接放弃对学业目标的追求——你注定会遭遇令自己失望的结局。

我们从一开始就要意识到，能否取得成功完全取决于个人的行动。不要受到怨天尤人型自动消极想法的影响，将自己的失败归咎于他人或环境。这是一个危险的习惯，因为你放弃了对生活的自控。而如果连你自己都控制不了自己的生活，谁又可以呢？

本章作为本书的最后一章，希望能够起到一个圆满收尾和锦上添花的作用。因此在本章中，我们将探讨自我发展的源头，播下健康的种子，并引导你化痛苦为能量，增强自己作为一个学生和一个社会人的整体能力。

我们大家都知道，除了学习，人生中还有很多重要的事情。但我们如果不够小心，很有可能就会让自己的人生只剩下学习或学习相关的活动。如果发生了这种情况，你将丧失发展生活中其他重要领域的机会。因此，我们要从一开始就明确学习在人生和生活中的地位，但不要让它们成为生命的唯一。如果你能够照顾好自己的身体、建立牢固的人际关系并培养学习之外的兴趣爱好，你就能够通过接受全面的教育，成为一个全方位发展的人。

一、照顾好身体

身为学生，我们要尤为注意身体的健康，因为只有健康的身体才能够支撑高强度的学习。因此，很多关于教育和学习的研究，也强调经常锻炼的必要性，因为这能够增强精神耐力、记忆力、注意力、解决问题的能力、计划和组织能力，甚至还可以增强自信心。运动还可以增加体内内啡肽的产生，这种天然化学物质可以增加幸福感。此外，要记住超重会导致身体将脑细胞的能量转移给脂肪细胞，导致大脑无法正常运转。因此，保持理想体重也意味着确保了脑力峰值。

因此，我们建议为身体提供均衡饮食，以确保大脑的最高效率。为了增强大脑和身体的机能，请遵循以下九条有益于大脑健康的饮食规则：

• 规则1：专注于高质量的卡路里摄入。食物的质量远比数量重要。500卡路里的肉桂卷带来的好处肯定无法与500卡路里的鲑鱼、菠菜、红甜椒、蓝莓和核桃的好处相比。前者只会消耗掉身体能量并增加大脑炎症的概率，而后者将给你的大脑充电并有助于保持身体健康。

• 规则2：多喝水。人类的大脑80%是水，因此保持水分有助于优化大脑的能力。仅仅脱水2%就会损害大脑在专注力、即时记忆能力和肢体协调等方面的表现。

• 规则3：每天按照小剂量少食多餐的方式，摄入优质蛋白质。食用蛋白质有助于避免饥饿，并防止能量摄入过量。

• 规则4：多吃有益大脑的碳水化合物。低血糖和纤维含量高的碳水化合物（例如蓝莓、梨和苹果等蔬菜和水果）可稳定血糖并为大脑和身体提供持续的能量。

• 规则5：尽量确保只摄入健康的脂肪。你是否知道大脑的60％的固体重量是脂肪呢？健康的脂肪对人体的健康至关重要。因此，建议选择健康的脂肪，例如鳄梨、鱼（野生鲑鱼、鳟鱼、鲈鱼等）、坚果和植物种子、橄榄、橄榄油和椰子油，等等。

• 规则6：按照营养膳食组成安排日常饮食。饮食应包括各种颜色的天然食品，例如蓝莓、石榴、黄南瓜和红柿子椒。这将增强功能强大的类黄酮，从而提高体内的抗氧化剂水平，并帮助保持大脑年轻。

• 规则7：用对大脑有益的草药和香料烹饪。草药和香料——包括姜、大蒜、牛至、肉桂、姜黄和百里香——包含许多促进健康的物质，并能够为食物增添风味。

• 规则8：尽可能确保食物洁净。如有可能，尽量选择有机种植或式样的食物，因为食品工业中使用的农药、激素和抗生素会在大脑和身体中积聚并引起问题。

• 规则9：如果存在任何精神健康或身体问题，请尽量消除任何潜在的过敏源或可能引发症状的内部因素。进行脱敏型饮食，即去掉饮食中的小麦（以及所有含麸质的食物）、乳制品、玉米、大豆、加工食品、各种形式的糖和糖替代品，以及食用色素和添加剂等成分，通常会让我们的情绪和表现都得到提升。

二、发展人际关系

生活中的很多满足感和成就感都源于我们与他人的关系。如果您因为学习而忽视了生活的这一方面，那么很容易陷入自欺欺人的状态。因为我们需要从人际交往中汲取宝贵的实践经验，因此建立对自己的人生很重要的人际关系将带来许多好处。

将学习作为借口逃避人际关系，或许能够减轻人生的痛苦，因为人际关系往往会带来痛苦的体验。但缺少了重要人际关系的人，也很少有机会充分发挥自己的潜力。正如我在第1章中提到的那样，没有经历痛苦和冒险，就不可能成长或取得成功。人类是需要人际关系的社会性动物，因此不要因为埋头学习而放弃自己作为社会型人类的本能。

三、培养学习之外的兴趣爱好

许多人的职业并非来自正规的教育，而是来自业余爱好或业余活动，如摄影、新闻、体育运动或学生会管理。参与这些活动将有助于发展那些在正规教育中不会涉及的生活领域技能。同样，这些活动可以给你带来更多有趣的体验，也能够让你成为一个更有趣的人。

贯穿我整个高中和大学时期的一个兴趣爱好，就是饲养浣熊艾尔米。艾尔米教会我许多宝贵的经验。首先，她教会我社交的艺术。有一次我回到家时，发现艾尔米和我的母亲发生了巨大的冲突。看起来是艾尔米将母亲的浴室当成了游乐场，她打开了所有的水龙头，然后在马桶里玩耍。更有意思的是，她不停地按下冲马桶的按钮——导致整个街区的水压变低。等我爸爸回到家时，我母亲愤怒地表示，她和浣熊我们只能二选一，她们绝对不可能生活在同一个屋顶下！爸爸没能不假思索地选择留下老妈，不仅没帮上忙还拖了后腿！相信我，我费了九牛二虎之力，才终于让艾尔米没被赶出家门。

在大学里，我的外号是"那个养浣熊的家伙"。所有同学都想认识艾尔米。事实上，饲养艾尔米成为结识新人和结交新朋友的好方法。如果不是艾尔米，我可能一辈子都没机会认识和结交这群好友。

发展学习之外的能力，就要求我们学习如何成为一个完整的人。通过照顾好自己的身体、建立互益的人际关系和培养学习之外的兴趣爱好，你将能够提升自己的整体教育水平。永远不要忘记，你不只有学生这一个身份！因此本书的主要目的，就是帮助你成为更有效率的学习者，以确保你有更多的时间来发展生活中同样重要的其他技能。这就是本书在最后一章中，为你提供的锦上添花的技能！

耶稣曾说过这样一个比喻："有一个农民在地里播种。当他撒下种子时，一些沿着小路掉了下来。这些种子被路人践踏，并且最后被飞鸟吃掉了。一些种子跌落在岩石上，当它们发芽之后，因为缺乏水分而枯死了。一些跌落在荆棘中，荆棘长大之后刺死了植物。最后，一部分种子播撒在肥沃的土壤里，最后的收成是种子的数百倍。"

时间和精力（种子）不是学业表现的决定因素。我们都知道许多学生从不间断地学习，但却完全无法理解所学的信息或考试成绩总是很差。相反，你也可能认识很多在课堂上获得A的学生，不管他们睡眠时间有多长或不管他们休息得有多么频繁，他们都能够取得优异的表现。学习的成果将取决于种子的质量和播种方式。因此，回顾本书的要点，即全面了解本书知识要点将有助于你培养思想的基础。

• 平衡的生活方式对于生活中的每一件事都很重要。很多时候，我们能否在一件事上表现良好，实际上取决于我们在很多事情上的习惯。例如，良好的睡眠、规律的运动和充沛的精力将能够确保我们显著提高考试成绩。因此，我们应尽己所能，保持平衡的生活方式，这将持续提升我们获得学业成功的概率。

• 改变不良的学习习惯和生活方式，需要我们有改变的动力和决心。我们需要下定改变的决心、采取改变的行动、具有正确的改变态度和方法、坚持不懈地培养新习惯，并为赢得最终的胜利做好充分准备。

• 充分准备对于能否取得成就至关重要，因此要从一开始就为知识的学习奠定坚实的基础。

• 设立明确的学习目标。知道自己想要达成什么目标、了解自己已经学习了什么，并知道还有哪些知识尚待学习。

• "知识要点框架表"是需要我们牢记的内容，这也是理解和掌握所有细节信息的关键。

• 从一般性陈述出发，逐步了解和掌握相关细节。

• 养成有效组织学习时间、学习资源和自律的习惯。学会自律尤为重要。对学习和课程进行系统性规划，并在规划投入学习的时间和精力时保持现实，不要盲目求全。

- 充分利用一切可用的资源。阅读课本中的教学大纲和基础材料。购买复习参考书，搜寻以前的考试试卷。从老师和其他学生那里尽可能收集更多的信息。

- 从课程一开始就秉持认真的学习态度，按照计划竭尽全力地学习以打下一个坚实的学习基础并增强学习自信。了解自己的学习目标，防止因为灰心丧气而半途而废。

- 尝试不同的学习方法，以了解在不同情况下最适合自己的学习方法。以单元为单位进行学习并经常复习，此外还要尽可能尝试应用所学的知识。

- 按时上课，这是接受教育最基本的方法。为了从课堂获得最大的收益，请提前阅读相关材料，提高自己对相关材料的熟悉程度，以便做好充分的课前准备。

- 认真听课要求仔细听讲、信息处理、确认理解、提供反馈和吸收知识。想要理解所学的内容，必须积极聆听。

- 在课堂上做笔记时，请听从教师的提示。要记住，笔记是大多数考试的基础——想要取得优异的考试成绩，一套完整有序的笔记是必备品！最好在课后重新抄录和整理笔记，确保自己熟悉笔记的内容。

- 只有建立脑内信息关联，才有可能真正记住所学的内容。因此，在尝试记忆之前，要理解相关的素材和内容。要充分掌握利用记忆辅助工具的方法，通过建立记忆关联来更好地掌握学习内容。

• 学会与小伙伴一起学习。组队学习能够让学习不那么单调无聊、帮助扫清存疑的障碍并在复习考试时，为你提供理解重要内容的不同观点和视角。

• 通过合理规划学习时间、按单元内容进行学习并进行定期的全文回顾来做好考试准备。需要确保自己拥有全套的课堂笔记、自设考试问题和"知识要点框架表"。

• 在考前尽可能多地了解相关信息。充分利用以前的考试试卷（如果教师允许的话）来了解教师设置考题的思路，以及他们认为哪些内容是考试重点。

• 深度复习所有学过的内容，不要专注于新材料。想要形成短期记忆，就要确保近期接触相关信息和材料。

• 考试过程中，请仔细阅读题目要求。首先回答有把握的问题，不要过度挖掘题目的深意并尽可能控制答题的速度，不要试图提前交卷。

• 在考完之后总结考试的经验教训，如果对答案存疑，可以咨询出题教师。

• 在撰写论文或演讲稿时，合理安排时间，选择一个具体的话题，动笔之前充分研究相关信息，起草一个大纲，与他人交流想法，然后再下笔写作，并在完稿后进行编辑和修改。

• 想要确保演讲的成功，首先要相信自己所选的话题，然后撰写一篇高质量的演讲稿，反复练习演讲并在演讲时充满激情。

• 发展生活的其他方面——我们从生活中学到的东西，多于任何一所学校的教育能够提供的东西。

为优异的学业播种的最后一个方法，是帮助其他学生。当你能够在课堂上表现出色时，不要忘了辅导那些在课堂上苦苦挣扎的学生。我自己曾花了无数个小时辅导班上的其他学生，而我的收获总是比付出要多。因为每当我们教授所学的知识时，这个行为都能够强化大脑顶叶对相关信息的记忆。我曾花了15个小时，帮助班上两名听不懂的学生为神经解剖学的期中考试进行复习。在考试结束后，能够帮助两个朋友通过一场艰难的考试让我感到心满意足，并且我自己在考试中的完美表现也让自己感到身心愉悦。只要有播种，就会有收获，因此不妨尽可能利用自己的才能和资源去帮助他人，这会令你收获更多的学业成就和更成功的人际关系。

附录A

开发聪明大脑的107种方法

B代表血流量

1. 多喝水——血液主要是水！

2. 限制咖啡因摄入，拒绝尼古丁。

3. 进行球类运动。

4. 享用一小块无糖的黑巧克力。

5. 补充银杏素摄入。

6. 加入辣椒粉来为食物调味。

7. 吃富含精氨酸的食物，例如甜菜。

8. 多吃富含镁的食物，例如南瓜子。

9. 喝绿茶。

10. 了解自己的血压并确保血压正常。（12至19岁的美国人中，有4%患有原发性高血压，另有10%的人患有高血压。）

R代表理性思考

1. 以"今天将是美好的一天"的心态开始每一天的生活。

2. 在每天结束时，记录"今日进展不错的事项"。

3. 写下每天要感恩的三件事。

4. 质疑任何负面想法。

5. 干掉ANT（自动消极想法）。

6. 通过关心他人来表达对他们的赞赏。

7. 练习冥想。

8. 当事情进展不顺利时，请寻求化弊为利的方法。

9. 善待自己，善待他人。

10. 想一些令人愉悦的事情，并留意它给自己带来的好处（你选择专注于积极或消极的事情将决定你的感觉是美妙还是糟糕）。

I代表炎症

1. 每天用牙线清洁牙龈。

2. 测试您的C反应蛋白水平（目标为1.0 mg／L以下）和omega-3指数（目标为> 8%）。

3. 去除饮食中的任何反式脂肪。

4. 限制富含omega-6的食物，例如玉米、大豆和加工食品。

5. 增加富含omega-3的食物，例如鱼和鳄梨。

6. 服用omega-3补品。

7. 服用姜黄素补充剂。

8. 服用维生素B6、B12和叶酸补充剂。

9. 多吃益生元食物，例如芦笋、洋葱、大蒜和苹果。

10. 在饮食中添加益生菌食品和/或补品。

G代表遗传基因

1. 如果您的家人患有精神健康问题或记忆障碍，则需要遵循这些"聪明大脑的方法"，尽快认真对待自己的大脑健康。

2. 考虑进行基因测试以识别任何隐患。

3. 相信自己的行为可能触发或控制"制造麻烦的基因"。

4. 限制高血糖、饱和脂肪的食物的摄入，例如披萨饼、加工奶酪和微波爆米花。

5. 练习缓解压力的方法。

6. 避免利用酒精、毒品或香烟等进行自我药物治疗。

7. 努力治愈过去的情感创伤。

8. 多吃蓝莓。

H代表头部损伤

1. 不要在走路或开车时发消息。

2. 系上安全带。

3. 注意言行。

4. 滑雪、骑自行车等时，请戴好头盔。

5. 避免爬梯子。

6. 放慢速度。

7. 下楼梯时握住扶手。

8. 如果头部受伤，请检查你的激素水平。

9. 走路时请勿戴耳机。

10. 考虑尝试高压氧疗法。

T代表毒素

1. 尽可能购买有机食品以减少毒素的摄入。

2. 加油时要避开烟雾。

3. 戒烟；避免二手烟。

4. 多喝水，保持肾脏健康。

5. 通过限制饮酒和吃芸苔属植物（西兰花、花椰菜、抱子甘蓝、白菜等）来养护肝脏。

6. 通过多吃纤维来养护肠道。

7. 通过锻炼和桑拿浴出汗来保养皮肤。

8. 定期检查家中是否有霉菌。

9. 请勿用塑料容器喝酒或进食。

10. 使用Think Dirty应用程序识别包含毒素的个人护理产品。

M代表心理健康

1. 定期进行体育锻炼，以提高多巴胺和血清素的水平。

2. 如果担心二者水平过低，可以考虑使用5-羟色胺增强5-HTP的水平。（如果你是一个杞人忧天的人，考虑提高血清素水平的5-HTP。）

3. 如果存在注意力方面的问题，请考虑高蛋白、低碳水化合物饮食。

4. 每天最多吃8种水果和蔬菜——均衡的饮食让生活变得更幸福！

5. 练习冥想。

6. 在大自然中散步。

7. 练习自动消极想法治疗（请参阅第14章）。

8. 了解并提升维生素D的水平。

9. 在餐食中添加藏红花以改善情绪和记忆力。

10. 如果发现自然干预无效，请咨询心理健康专家。

I代表免疫力/感染

1. 如果常规治疗无法解决你的心理健康问题，请考虑接受感染测试。

2. 减少酒精摄入量。（为什么护士在给您注射疫苗前先在皮肤上擦拭酒精？减少细菌。因此，喝过量的酒精会使肠道微生物组不适，严重影响免疫力。）

3. 尝试脱敏饮食一个月，看看食物过敏是否会损害你的免疫系统（即不再摄入面筋、乳制品、玉米和大豆等食物）。

4. 避免在鹿蜱生活的地方远足。

5. 了解并提升人体的维生素D水平。

6. 在饮食中添加额外的维生素C。

7. 补充大蒜摄入。

8. 在饮食中加入洋葱。

9. 在饮食中加入香菇。

10. 观看喜剧——研究表明笑声可以增强免疫力。

N代表神经激素问题

1. 如果你存在脑雾、疲劳和/或慢性压力等问题，请检查你的激素水平，尤其是甲状腺。

2. 避免使用含激素破坏剂的产品，例如BPA、邻苯二甲酸盐、对羟基苯甲酸酯和农药。

3. 避免摄入使用激素和抗生素饲养的动物蛋白。

4. 在饮食中添加纤维以减少体内不健康的雌激素。

5. 通过举重训练增加睾丸激素。

6. 限制会破坏荷尔蒙分泌的糖分摄入。

7. 补充锌，以帮助增强睾丸激素。

8. 服用会减少皮质醇的补品，例如南非醉茄（ashwagandha）（也能够养护甲状腺）。

9. 如果你的甲状腺功能不足，请根据需要使用激素替代品。

D代表糖尿病

1. 了解你的BMI（体重指数）并每月检查一次。

2. 苏打水和果汁以及高热量的鸡尾酒会增加体重。

3. 选择可以找到的最高质量的卡路里，如果需要减肥，就不要吃太多。

4. 按照营养膳食构成规划饮食，目标是吃多种不同自然颜色的食物（彩虹糖不算）。

5. 每顿饭都要摄取蛋白质和健康脂肪，以稳定血糖，满足身体对热量的渴望。

6. 食用"优质碳水化合物",即低血糖和高纤维的碳水化合物。

7. 仔细阅读食物成分表——不要吃不了解成分构成的食物。

8. 如果存在超重,请养成循序渐进的减肥习惯,而不要通过节食快速减肥。

9. 在餐食中添加肉桂和肉豆蔻,以帮助平衡血糖水平。

10. 只有对身体有益的食物才能让你感到幸福。

S代表睡眠

1. 如果你打鼾,请进行睡眠呼吸暂停原因诊断。

2. 不要摄入咖啡因。

3. 在你的电子产品上安装蓝光屏蔽装置。

4. 睡前稍微给房子降温。

5. 晚上调暗房间。

6. 晚上关闭所有现代科技产品。

7. 保持定期的睡眠时间表。

8. 补充褪黑素和镁。

9. 收听催眠音频程序或应用程序。

10. 如果你是一个杞人忧天的人,请尝试使用5-HTP补充剂。

附录B

亚蒙诊所学习障碍筛查问卷

使用以下量表对下面列出的每种症状进行评估。如果可能的话，要提供最完整的信息，请让另一个人（例如父母）为你评分。

0–从不　1–很少　2–偶尔　3–频繁　4–非常频繁　NA–不适用/未知

阅读

（他人评价＿＿＿　自评＿＿＿）　1.我的阅读能力很差。

（他人评价＿＿＿　自评＿＿＿）　2.我不喜欢读书。

（他人评价＿＿＿　自评＿＿＿）　3.我在阅读时会犯错误，例如跳过单词或行。

（他人评价＿＿＿　自评＿＿＿）　4.每一行信息都要读两遍以上。

（他人评价＿＿＿　自评＿＿＿）　5.即使我读完所有单词，我也很难记住自己读的内容。

（他人评价＿＿＿　自评＿＿＿）　6.我在阅读时会容易颠倒字母（例如b/d或p/q）。

（他人评价＿＿＿　自评＿＿＿）　7.我在阅读时会看错单词里的字母[例如上帝（God）和狗（dog）]。

（他人评价＿＿＿ 自评＿＿＿） 8.阅读时我的眼睛会很难受或流泪。

（他人评价＿＿＿ 自评＿＿＿） 9.当我阅读时，单词往往会变得模糊。

（他人评价＿＿＿ 自评＿＿＿） 10.当我阅读时，很容易会串行。

（他人评价＿＿＿ 自评＿＿＿） 11.阅读时，我很难理解主要思想
或重要细节。

写作

（他人评价＿＿＿ 自评＿＿＿） 12.我的笔迹混乱。

（他人评价＿＿＿ 自评＿＿＿） 13.我的作文也很混乱。

（他人评价＿＿＿ 自评＿＿＿） 14.我更喜欢印刷体而不是草书文本。

（他人评价＿＿＿ 自评＿＿＿） 15.我写出来的单词经常重叠，或
者词之间没有空格。

（他人评价＿＿＿ 自评＿＿＿） 16.我很难按照规定的划线写单词。

（他人评价＿＿＿ 自评＿＿＿） 17.我在语法或标点符号方面有问题。

（他人评价＿＿＿ 自评＿＿＿） 18.我的拼写很差。

（他人评价＿＿＿ 自评＿＿＿） 19.我经常无法抄写黑板上或书本
上的内容。

（他人评价＿＿＿ 自评＿＿＿） 20.我很难将脑子里的想法落到纸上。

（他人评价＿＿＿ 自评＿＿＿） 21.我可以讲一个故事，但是写不
出来。

身体意识/空间关系

（他人评价＿＿＿ 自评＿＿＿） 22.我很难辨别左右。

（他人评价＿＿＿ 自评＿＿＿） 23.我无法确保内容保持在列中或确保填图的颜色不超出边界。

（他人评价＿＿＿ 自评＿＿＿） 24.我往往笨拙且不协调。

（他人评价＿＿＿ 自评＿＿＿） 25.我存在手眼协调困难。

（他人评价＿＿＿ 自评＿＿＿） 26.我很难理解诸如上、下、上面或下面的概念。

（他人评价＿＿＿ 自评＿＿＿） 27.走路时我容易撞到东西。

口头表达语言

（他人评价＿＿＿ 自评＿＿＿） 28.我很难用语言表达自己。

（他人评价＿＿＿ 自评＿＿＿） 29.我很难在对话中找到合适的话来表达自己。

（他人评价＿＿＿ 自评＿＿＿） 30.我在谈论一个话题时经常遇到麻烦，或在对话中很难开门见山。

会意能力

（他人评价＿＿＿ 自评＿＿＿） 31.我听不懂谈话中的信息或跟不上他人的思维。

（他人评价＿＿＿ 自评＿＿＿） 32.我倾向于误解别人，在对话中给出错误的答案。

（他人评价＿＿＿ 自评＿＿＿） 33.我很难理解别人告诉我的方向信息。

（他人评价＿＿＿ 自评＿＿＿） 34.我很难确定声音传来的方向。

（他人评价＿＿＿ 自评＿＿＿） 35.我很难滤除背景噪声。

数学

（他人评价＿＿＿ 自评＿＿＿） 36.我的基本数学技能低于自己年龄段的应有水平（加、减、乘和除）。

（他人评价＿＿＿ 自评＿＿＿） 37.我很容易在数学上犯粗心的错误。

（他人评价＿＿＿ 自评＿＿＿） 38.我很容易搞混数字。

（他人评价＿＿＿ 自评＿＿＿） 39.我无法理解用语言描述的数学题。

排序

（他人评价＿＿＿ 自评＿＿＿） 40.当我讲话时，我很难确保单词的顺序符合逻辑。

（他人评价＿＿＿ 自评＿＿＿） 41.我很难表达时间。

（他人评价＿＿＿ 自评＿＿＿） 42.我搞不清楚26个英文字母的顺序。

（他人评价＿＿＿ 自评＿＿＿） 43.我很难按顺序说出一年中的月份。

抽象化

（他人评价＿＿＿ 自评＿＿＿） 44.我很难理解别人说的笑话。

（他人评价＿＿＿ 自评＿＿＿） 45.我倾向于从字面上理解事物。

组织能力

（他人评价＿＿＿ 自评＿＿＿） 46.我的卷面通常混乱或不整齐。

（他人评价＿＿＿ 自评＿＿＿） 47.我的房间很乱。

（他人评价＿＿＿ 自评＿＿＿） 48.我倾向于将所有东西一股脑儿塞进背包、书桌或壁橱。

（他人评价＿＿＿ 自评＿＿＿） 49.我的房间里到处堆放着各种东西。

（他人评价＿＿＿ 自评＿＿＿） 50.我在进行时间规划时遇到麻烦。

（他人评价＿＿＿ 自评＿＿＿） 51.我经常迟到或急匆匆。

（他人评价＿＿＿ 自评＿＿＿） 52.我习惯于不记录任务或要求，导致经常忘记要做些什么。

记忆能力

（他人评价＿＿＿ 自评＿＿＿） 53.我的记忆力有问题。

（他人评价＿＿＿ 自评＿＿＿） 54.我记得很久以前的事情，但记不住最近发生的事情。

（他人评价＿＿＿ 自评＿＿＿） 55.我很难记住在课堂上学到的知识或工作中的信息。

（他人评价＿＿＿ 自评＿＿＿） 56.我今天记得住的事情，到第二天就会忘干净。

（他人评价＿＿＿ 自评＿＿＿） 57.我经常说话说到一半，忘了接下来要说什么。

（他人评价＿＿＿ 自评＿＿＿） 58.我在遵循含有两个以上步骤的指示时遇到麻烦。

社交技能

（他人评价＿＿＿ 自评＿＿＿） 59.我朋友很少或没有朋友。

（他人评价＿＿＿ 自评＿＿＿） 60.我无法理解别人的肢体语言或面部表情。

（他人评价＿＿＿ 自评＿＿＿） 61.我的感情经常或很容易受到伤害。

（他人评价＿＿＿ 自评＿＿＿） 62.我经常与朋友、老师、父母或老板产生冲突。

（他人评价＿＿＿ 自评＿＿＿） 63.和不熟悉的人在一起我感到不自在。

（他人评价＿＿＿ 自评＿＿＿） 64.我被别人嘲笑。

（他人评价＿＿＿ 自评＿＿＿） 65.朋友很少请我与他们共事。

（他人评价＿＿＿ 自评＿＿＿） 66.我在离开学校或工作场所之后从不与他人聚会。

艾伦综合征（有关更多信息，请参见Irlen.com）

（他人评价＿＿ 自评＿＿） 67.我对光敏感（受强光、阳光、前灯或路灯的照射会令我感到不适）。

（他人评价＿＿ 自评＿＿） 68. 在明亮光照或荧光灯下，我容易感到疲倦、头痛或情绪变化，和/或感到不安或无法保持专注。

（他人评价＿＿ 自评＿＿） 69.我在阅读光面纸上的文字时，会觉得很困难。

（他人评价＿＿ 自评＿＿） 70.阅读时，单词或字母会移动、摇动、模糊、重叠、消失或变得难以辨认。

（他人评价＿＿ 自评＿＿） 71.阅读时我会感到紧张、疲倦或困倦，甚至头痛。

（他人评价＿＿ 自评＿＿） 72.我在判断距离时遇到困难，并且在乘坐自动扶梯、爬楼梯、进行球类运动或驾驶方面遇到困难。

感官整合方面的问题

（他人评价＿＿ 自评＿＿） 73.我似乎比其他人对环境更敏感。

（他人评价＿＿ 自评＿＿） 74.我对噪声比别人更敏感。

（他人评价＿＿ 自评＿＿） 75.我对人的触摸或某些布料或标签特别敏感。

（他人评价＿＿ 自评＿＿） 76.我对某些气味异常敏感。

（他人评价＿＿ 自评＿＿） 77.我对光异常敏感。

（他人评价＿＿ 自评＿＿） 78.我对运动或旋转运动很敏感。

（他人评价_____ 自评_____） 79.我很笨拙或容易发生事故。

注意力不集中

（他人评价_____ 自评_____） 80.我很难注意到细节或容易犯粗心的错误。

（他人评价_____ 自评_____） 81.在日常任务中，如作业、杂务或文书工作，我难以保持注意力。

（他人评价_____ 自评_____） 82.我经常听不懂。

（他人评价_____ 自评_____） 83.我经常无法完成事情。

（他人评价_____ 自评_____） 84.我组织或安排空间和时间的能力很差，如房间、书桌或文书工作等。

（他人评价_____ 自评_____） 85.我容易逃避、不喜欢或不愿意从事需要持续不断努力的任务。

（他人评价_____ 自评_____） 86.我总丢东西。

（他人评价_____ 自评_____） 87.我很容易分心。

（他人评价_____ 自评_____） 88.我很健忘。

多动/冲动

（他人评价_____ 自评_____） 89.我容易烦躁不安或坐立不安或坐不久。

（他人评价_____ 自评_____） 90.我很难按照要求一直安安静静地坐着。

（他人评价＿＿＿ 自评＿＿＿） 91.在乱动被认为不合适的情况下，我还是忍不住到处乱跑或过度攀爬。

（他人评价＿＿＿ 自评＿＿＿） 92.我很难安静地玩。

（他人评价＿＿＿ 自评＿＿＿） 93.我总是"忙个不停"或表现得好像"开足马力"。

（他人评价＿＿＿ 自评＿＿＿） 94.我的话太多。

（他人评价＿＿＿ 自评＿＿＿） 95.在问题没说完之前，我的答案忍不住脱口而出。

（他人评价＿＿＿ 自评＿＿＿） 96.我很难安静地等待轮到自己。

（他人评价＿＿＿ 自评＿＿＿） 97.我容易打扰或干扰他人（例如，打断或插入别人的对话或游戏）。

（他人评价＿＿＿ 自评＿＿＿） 98.我很冲动，经常在没有事先思考的情况下说话或做事。

亚蒙诊所学习障碍筛查问卷
参考答案

问题1-79：

如果每个部分都有2道以上的题目是3分或4分，就应该进一步检查。可以考虑邀请学习专家或学校的心理学专家进行进一步检查。

问题80-98：

注意缺陷多动障碍（ADHD）：如果80-88题和89-98题得分均为以下情况，则为合并型（即注意力缺陷加上多动症）：

极有可能　　6道题得分为3或4

很可能　　　5道题得分为3或4

有可能　　　3道题得分为3或4

注意力缺陷障碍（ADD）：如果80-88题超过5道题得分为3或4，但89-98题得分为3或4的数量少于2道，则定义为较为粗心，不被认定为患有注意力缺陷障碍：

极有可能　　6道题得分为3或4

很可能　　　5道题得分为3或4

有可能　　　3道题得分为3或4

致　谢

很多人为本书贡献了力量。我要感谢所有人，尤其是成千上万来到亚蒙诊所的患者和家属，感谢他们允许我们参与治疗和康复的过程。

我还要感谢亚蒙诊所出色的员工，他们每天为我们的患者提供服务。特别感谢弗朗西斯·夏普和克洛伊·亚蒙以及阿丽兹·卡斯特利亚诺兹。他们帮助我修订了这本书的内容，使读者容易阅读。希望大家能够体会到这一点。

当然，我要感谢我的爱妻塔娜（Tana）和我的家人，他们包容了我对改善大脑的痴迷，尤其是我的孩子安东尼（Antony）、布兰妮（Breanne）和凯特琳（Kaitlyn），我的孙辈，还有我的父母路易斯和多丽·亚蒙。